不是世界不好，是你懂的太少

20几岁要懂的人生道理

宿文渊／编著

中国华侨出版社
北京

前言 preface

道理之于人生，就像照亮黑夜的明星、航海用的罗盘，没有其指引，人们将永远在盲目与混乱中摸索挣扎、举步维艰，找不到正确的方向。人生道理，年轻时不明白，也不曾想要去明白；中年时想要明白，却经常想不明白；年老时都已明白，失去的东西却已太多。人生的太多遗憾和悔恨莫过于此。因此，早一天领悟人生道理，就早一天少走弯路、少受挫折，在人生的道路上也就走得更平稳、更顺利，从而使我们加快走向成功的步伐，早日拥有属于自己的一片蓝天。

人生道理，早一天领悟，早一天走向成功；早一天掌握，早一天拥有幸福。一位哲人说：“如果倒着活，即从80岁开始活到1岁，将有80%的人成为伟人。”很多人对此颇为认同，因为一个80岁的老者必然已经懂得和掌握了人生的种种智慧。如果可以倒着活，他就可以轻而易举地避开人生中的障碍和陷阱，明白什么是可以抓住幸福的机会，什么只是耗费光阴的诱惑，从而收获最大的幸福和成功。而假如我们在 40 岁、30 岁，甚至在 20 岁的时候便已经拥有了如何使生命闪光的智慧，那么，我们就能够为自己的人生写就更为精彩的辉煌篇章。

在人生的道路上，很少有平坦的捷径，往往充满着坎坷和崎岖。然而，无论在工作还是生活中，我们总会犯一些这样那样的错误，遭受一些这样那样的挫折。如何才能正确地把握人生？如何才能领会生活的真谛？如何做生活的智者？答案就是掌握并领悟人生道理。因为道理是无数前人成功经验和失败教训的总结，是生活智慧的结晶，是一盏盏指引我们绕开阻碍、顺利奔向理想的明灯。只有懂得并掌握了人生的智慧，我们的人生才能如鱼得水、游刃有余。它会给你安慰、给你力量，让你在人生的道路上永远立于不败之地。

本书内容缤纷多彩，涉及成败、心态、机遇、幸福、宽容、品德、命运、处世、亲情、婚姻等人生的方方面面，让年轻人在轻松的阅读中得到全面的人生启迪，学会为人处世及立足社会的必备技能，更深刻地理解和把握人生，从容地面对生活中的各种问题。本书旨在帮助年轻人及早了解人生百态，尽快把握人生，在未来的人生旅程中，多一些得，少一些失；多一些成，少一些败。只要你领悟其中的道理，娴熟地掌握、运用，相信你一定能够成就自我，你的人生就不会留下遗憾。

目录

CONTENTS

第一章　读懂人生，才能成就一生

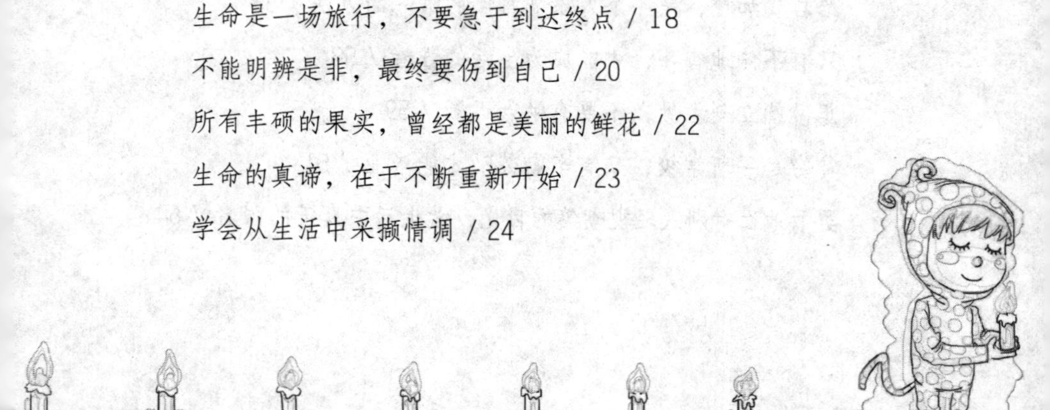

第二章　成功时看得起别人，失败时看得起自己

第三章　人生需要有一场无悔的突围

第四章　心态对了，世界就对了

第五章　如果现在不折腾，以后只能给别人点赞

第六章　委婉是一种力量

第七章　奇迹从来不是得到，而是争取

第十章　心有多大，舞台就有多大

第十一章　世界以痛吻你，你要学会报之以歌

第十二章 学会爱，超越爱

第一章

读懂人生，才能成就一生

人生的真谛究竟是什么？我们活着又是为了什么？这一切关于人生与生命的叩问，在每个夜深人静之时，在每次孤独寂寞之时，它们如同潮水般涌向每一个思索的心房。

在一次又一次的无功而返后，在岁月的年轮不断增长时，我们终于向“人生”妥协，我们开始不去追寻人生的意义，渐渐地，在我们的心底留下了一个关于人生、关于生命的无解问题。

对人生多一些反思，生活会少一点盲目

一个名叫“我”的人做了个梦。

“我”在梦中见到了上帝。

上帝问“我”：“你想采访我吗？”

“我”说：“我很想采访你，但不知你是否有时间。”

上帝笑道：“我的时间是永恒的。你有什么问题吗？”

“你感到人类最奇怪的是什么？”

上帝答道：“他们厌倦童年生活，急于长大，而后又渴望返老还童；他们牺牲自己的健康来换取金钱，而后又牺牲金钱来恢复健康；他们对未来充满忧虑，但却忘记了现在，于是，他们既不生活于现在之中，也不生活于未来之中；他们活着的时候好像从不会死去，但是死去以后又好像从未活过……”

上帝握住“我”的手，“我”沉默了片刻。

“我”问道：“作为长辈，你有什么生活经验要告诉子女的？”

上帝笑着答道：“他们应该知道，不可能取悦所有人，他们所能做的只是让自己被人所爱；他们应该知道，一生中最有价值的不是拥有什么东西，而是拥有什么人；他们应该知道，与他人攀比是不好的；他们应该知道，富有的人并不拥有最多，而是需要最少；他们应该知道，要在所爱的人身上造成深度的创伤只要几秒钟，但是治疗创伤却要花几年的时间；他们应该知道，有些人深深地爱着他们，但却不知道如何表达自己的感情；他们应该知道，金钱可以买到任何东西，却买不到幸福；他们应该知道，两个人看同一个事物，会看出不同的东西；他们应该知道，得到别人的宽恕是不够的，他们也应当宽恕自己；他们应该知道，我始终存在。”

人生感悟

他们应该知道，得到别人的宽恕是不够的，他们也应当宽恕自己；他们应该知道，我始终存在。

时间如白驹过隙，积少亦可成多

卡尔·华尔德曾经是爱尔斯金的钢琴教师。有一天，他给爱尔斯金教课的时候，忽然问他："你每天要花多少时间练习钢琴？"

爱尔斯金说："大约每天 3 个小时。"

"不，不要这样！"卡尔说，"你将来长大以后，每天不会有长时间的空闲的。你可以养成习惯，一有空闲就几分钟几分钟地练习。比如在你上学以前，或在午饭以后，花上 5 分钟去练习，这样，弹钢琴就成了你日常生活中的一部分了。"

14 岁的爱尔斯金对卡尔的忠告未加注意，但后来回想起来真是至理名言。

当爱尔斯金在哥伦比亚大学教书的时候，他想兼职从事创作。可是上课、看卷子、开会等事情把他白天和晚上的时间完全占满了。差不多有两个年头，他不曾动笔，他的借口是"没有时间"。后来，他突然想起了卡尔告诉他的话。到了下一个星期，他就把卡尔的话实践起来。只要有 5 分钟左右的空闲时间，他就坐下来写作 100 字或短短的几行。

出乎意料，在那个星期快结束的时候，爱尔斯金竟写出了相当多的稿子。后来，他用同样积少成多的方法，创作长篇小说。爱尔斯金的授课工作虽一天比一天繁重，但是每天仍有许多可以利用的短短余闲。他同时还练习钢琴，发现每天小小的间歇时间，足够他从事创作与弹琴两项工作。

利用短时间，其中有一个诀窍：你要把工作进行得迅速，如果只有5分钟的时间给你写作，你切不可把4分钟消磨在咬你的铅笔尾巴上。事前要有所准备，工作的时候，立刻把心神集中在工作上。迅速集中脑力，做起来并不像你想象的那样困难。极短的时间，如果能毫不拖延地充分加以利用，就能积少成多地供给你更多成功的机会。

人生感悟

时间不能增加一个人的寿命，然而珍惜光阴可使生命变得更有价值。

你一定还有遗漏，别把最重要的自己给丢弃

庙里新来了一个小和尚，他积极主动地跑到方丈面前，殷勤诚恳地说："我初来乍到，先干些什么呢？请前辈指教。"

方丈微微一笑，对小和尚说："你先认识一下寺里的众僧吧。"

第二天，小和尚又来见方丈，殷勤诚恳地说："寺里的众僧我都认识了，下边该干什么呢？"

方丈微微一笑，洞明睿智地说：“肯定还有遗漏，再接着去了解、去认识吧。”

3天过去了，小和尚再次来见方丈说：“寺里的所有僧侣我都认识了，我想做点事。”

方丈微微一笑：“还有一人，你没认识，而且，这个人对你特别重要。”

小和尚疑惑地走出方丈的禅房，一个人一个人地询问、一间屋一间屋地寻找。在阳光里、在月光下，他一遍遍地琢磨，一遍遍地寻思着……不知过了多少天，小和尚，在一口水井里忽然看到自己的身影，他豁然醒悟，赶忙跑去见方丈……

人生感悟

世界上有一个人，离你最近也最远；世界上有一个人，与你最亲也最疏；世界上有一个人你常常想起，也最容易忘记……这个人，就是你自己。

生命的恩赐，也许不是繁花似锦

在生命的黎明时分，走来一位带着篮子的仁慈仙女，她对一个少年说：“篮子里都是礼物，你挑一样吧，但是只能带走一样。小心些，做出明智的选择。哦，之所以要你做出明智的抉择，因为，这些礼物当中只有一样是宝贵的。”

礼物有5种：名望、爱情、财富、欢乐、死亡。少年迫不及待地说：“这根本没有必要考虑，我选择欢乐。”

他踏进社会，寻欢作乐，沉湎其中。可是，到头来每一次欢乐都是短暂、沮丧、虚妄的。它们在行将消逝时都嘲笑他。最后，他颇为后悔地说：“这些年我都白过了。假如我能重新挑选，我一定会做出明智的选择。”

话音未落，仙女出现了，说：“还剩4样礼物，再挑一次吧，哦，记住，光阴似箭，要做出明智的选择。这些礼物当中只有一样是宝贵的。”

当初的少年已成为男人，他这次很慎重，沉思良久，然后挑选了爱情。仙女见此，眼里涌出了泪花。但是，这个男人并没有觉察到。

很多年过去了，这个男人坐在一间空屋里，守着一口棺材。他神情沮丧，喃喃自语道：“她们一个个抛下我走了。如今，最后一个最亲密的人也躺在这儿了。一阵阵孤寂朝我袭来。爱情这个滑头的商人，每卖给我一小时的欢娱，我就需要付出一个小时的悲伤。我从心底里诅咒它呀。”

“重新挑吧，”仙女又出现了，说，“岁月无疑把你教聪明了。还剩3样礼物。记住，它们当中只有一样是有价值的，注意选择。”

这个男人沉吟良久，然后小心翼翼地挑了名望。仙女叹了口气，扬长而去。

很多年以后，仙女又回来了。此时，那个男人正独坐在暮色中冥想。她站在他的身后，她明白他的心思："我名扬全球，有口皆碑。我虽有一时之喜，但毕竟转瞬即逝！忌妒、诽谤、中伤、嫉恨、迫害却接踵而来，然后便是嘲笑，这是收场的开端；一切的末了，则是怜悯，它是名望的葬礼。出名的辛酸和悲伤啊！声名卓著时，遭人唾骂；声名狼藉时，受人轻蔑和怜悯。"

"再挑吧。"仙女开口说，"别绝望，还剩两样礼物，记住我的礼物中只有一样是宝贵的，而且你很幸运，它还在这儿呢。"

"财富，它就是权力！我真瞎了眼呀！"那个男人疯狂地叫喊着，"现在，我终于挑选到生命中最有价值的礼物了。我要挥金如土，大肆炫耀。那些惯于嘲笑和蔑视的人将匍匐在我脚前的污泥中。我要用他们的忌妒来喂饱我饥饿的心魂。我要享受一切奢华、一切快乐，以及精神上的一切陶醉，肉体上的一切满足。我要买名望、买遵从、买崇敬——庸碌的人间商场所能提供的人生的种种虚荣享受。在这之前，那些糊涂的选择让我失去了许多时间。那时我懵然无知，尽挑那些貌似最好的东西。"

短暂的 3 年过去了。一天，那个男人坐在一间简陋的顶楼里瑟瑟发抖。他衣衫褴褛，身体憔悴，脸色苍白，双眼凹陷。他一边咀嚼一块干面包，一边愤愤地嘀咕道："为了那种种卑劣的事端和镀金的谎言，我要诅咒人间的一切礼物，以及一切徒有虚名的东西！它们根本不是礼物，只是些暂借的东西罢了。欢乐、爱情、名望、财富，都只是些暂时的伪装，它们永恒的真相是痛

苦、悲伤、羞辱、贫穷。仙女说得一点不错，她的礼物之中只有一样是宝贵的，只有一样是有价值的。现在我知道，与那无价之宝相比，这些东西是多么可怜卑贱啊！那珍贵、甜蜜、仁厚的礼物呀！沉浸在无梦的永久酣睡之中，折磨肉体的痛苦和咬啮心灵的羞辱、悲伤便一了百了。给我吧！我疲倦了，我要安息。”

仙女又出现了，而且又带来了4样礼物，唯独没有死亡。她说：“我把它给了一个母亲的爱儿——一个小孩子。他虽懵然无知，却信任我，求我代他挑选。你没要求我替你选择啊！”

“哦，我真惨啊！那么留给我的是什么呢？”

“侮辱，你只配遭受垂垂暮年的反复无常的侮辱。”

人生感悟

万事万物，世间的一切名誉、地位最终统统都会随风而逝，而个人的终极命运则是“荒冢一堆草”。生让所有人平等，而死亡则会使卓越的人凸显出来。

给人生算账，绝不含糊过日子

人们对于金钱的开支，大多比较留心，但对于时间的支出，却往往不大在意。如果对人们在工作生活等方面所用去的时间一一予以记录，列出一份“生命的账单”，不仅十分有趣，而且可能会令人有所感悟，有所警醒。

著名的《兴趣》杂志对人一生在时间的支配上做过一次调查，结果是这样的：站着，30 年；睡觉，23 年；坐着，17 年；走着，16 年；跑着，1 年零 75 天；吃饭，7 年；看电视，6 年；闲聊，5 年零 258 天；开车，5 年；生气，4 年；做饭，3 年零 195 天；穿衣，1 年零 166 天；排队，1 年零 135 天；过节，1 年零 75 天；喝酒，2 年；如厕，195 天；刷牙，92 天；哭，50 天；说“你好”，8 天；看时间，3 天。

古时有一首《莲花落》的词写道：“人生七十古稀，我年七十为奇，前十年幼小，后十年衰老，中间只有五十年，一半又在夜里过了。算来只有廿五年在世，受尽多少奔波烦恼……”

25 年，倘若再除去劳碌纷争，属于我们的欢笑就更少得可怜了。

有本叫作《相约星期二》的书，写的是一位叫莫尔的教授，不幸身患绝症，在生命的最后，他跟他的学生慨叹道：“我们总觉得自己有的是时间，其实，生命是多么短暂、多么有限。要知道‘来日无多’，生活中永远别说‘太迟了’。”

人生感悟

不知道你看了这份“生命账单”是否感到触目惊心。这份账单上的时间开支，有一些是非花销不可的，但有的却完全可以节省。

生命中最重要的不是昨天和明天，而是今天

1871 年春天，一个蒙特瑞综合医院的学生偶然拿起一本书，看到了书上的一句话，就是这句话，改变了这个年轻人的一生。它使这个原来只知道担心自己的期末考试成绩、自己将来的生活何去何从的年轻的医学院的学生，最后成为他那一代最有名的医学家。他创建了举世闻名的约翰·霍普金斯学院，被聘为牛津大学医学院的讲座教授，还被英国国王册封为爵士。他死后，用厚达 1466 页的两大卷书才记述完他的一生。

他就是威廉·奥斯勒爵士，而下面，就是他在 1871 年看到的由汤冯士·卡莱里所写的那句话："人的一生最重要的不是期望模糊的未来，而是重视手边清楚的现在。"

威廉·奥斯勒爵士曾在耶鲁大学做了一场演讲，他告诉那些大学生，在别人眼里，曾经当过 4 年大学教授，写过一本畅销书的他，拥有的应该是一个特殊的头脑，可是，他的好朋友们都知道，他其实也是个普通人。他的一生得益于那句话："人的一生最重要的不是期望模糊的未来，而是重视手边清楚的现在。"

人生感悟

对于我们每个生命个体而言，最重要的是把今天的事做好，而非为不切实际的虚幻未来担忧，也不是为了不可改变的昨天，我们只为今天而活。

善恶只在一念间

一位老僧坐在路旁，双目紧闭，盘着双腿，两手交握在衣襟之下，陷入沉思。

突然，他的冥思被打断。打断他的是武士嘶哑而恳求的声音："老头！告诉我什么是天堂！什么是地狱！"

老僧毫无反应，好像什么也没听到。但渐渐地他睁开双眼，嘴角露出一丝微笑。武士站在旁边，迫不及待，有如热锅上的蚂蚁。

"你想知道天堂和地狱的秘密？"老僧说道，"你这等粗野之人，手脚沾满污泥，头发蓬乱，胡须肮脏，剑上铁锈斑斑，一看就知道没有好好保管，你这等丑陋的家伙，你娘把你打扮得像个小丑，你还来问我天堂和地狱的秘密？"

武士恶狠狠地骂了一句。"刷"地拔出剑来，举到老僧头上。他满脸血红，脖子上青筋暴露，就要砍下老僧的人头。

利剑将要落下，老僧忽然轻轻地说道："这就是地狱。"

霎时间，武士惊愕不已，肃然起敬，对眼前这个敢以生命来教导他的老僧充满怜悯和爱意。他的剑停在半空，他的眼里噙满了感激的泪水。

“这就是天堂。”老僧说道。

人生感悟

善恶常在一念之间。一切恶念、恶言、恶行，对于自己和他人都是地狱；一切善念、善言、善举对于自己和他人都是天堂。如果人人都能弃恶从善，即使是地狱也能成为天堂。因此，每个人都要静坐常思己过，经常检点审视自己的内心，摒除心中的恶念，放弃伤人的恶言、恶行，让自己的心灵纯净，才会得到真正的内心的平静和安宁。

在绝境中，我们才能感受到真正的自己

父亲狄克携着儿子布莱克在山间漫游，借着山水当中的灵秀之气，父亲不断地给布莱克在智慧及灵性上予以开导。

突然，布莱克一声惊叫，指着远方急切地喊道："爸爸，您看——"

老狄克一眼望去，看到一只恶狼正全力追着一只仓皇而逃的兔子。小布莱克当下便问道："爸爸，要不要救救那只兔子？我看它跑得好可怜。"

老狄克笑了笑，说："不急，我出个题目：你猜恶狼能不能追上兔子呢？"

小布莱克想了想，回答道："应该很快就追上了吧！"

老狄克正色道："不对，恶狼追不上兔子。"

小布莱克诧异地问："为什么？"

狄克慈祥地说："那是因为恶狼所在乎的，不过只是一顿午餐，追不上兔子它可以转而再捕食其他的东西。但是兔子若是被恶狼追上，自己的性命也就完了。当然兔子会用尽全力来逃命。所以我说，恶狼追不上兔子！你看吧——"

小布莱克转身一看，果然如父亲所说的，狼与兔子之间的距离越来越远。到最后，恶狼终于放弃继续追兔子，转过头去，再另寻其他的食物。

小布莱克在佩服父亲的真知灼见之余，又想到一个问题："爸爸，照这么说来，恶狼明知永远追不上兔子，那么一开始，它又为什么想要去追兔子呢？"

老狄克摸着小布莱克的头，说："也不能说恶狼永远追不上兔子，只要狼群一起行动，兔子就是跑得再快，也逃不出它们的围捕。也许那只恶狼在开始追兔子时，也希望能遇上伙伴的支援吧？"

人生感悟

在古希腊的一座神庙上刻着的神谕告诫我们："认识你自己！"当你不断攻克各个难关、创造奇迹时，你会发现你本身就是一个奇迹！

在追求更好的雕琢过程中，我们才能一步一步变得更好。生命的追求、生命的意义就在这一步一步地超越自己中得到了升华！

不能认识自我的人，肯定要迷失在人生的道路上

有一位老师，常常教导他的学生说：人贵有自知之明。唯有自知，方能知人。有个学生在课堂上提问道："请问老师，您是否知道您自己呢？"

"是呀，我是否知道我自己呢？"老师想，"嗯，我回去后一定要好好观察、思考、了解一下我自己的个性、我自己的心灵。"

回到家里，老师拿来一面镜子，仔细观察自己的容貌、表情，然后再来分析自己的个性。

首先，他看到了自己亮闪闪的秃顶。"嗯，不错，莎士比亚就有个亮闪闪的秃顶。"他想。他看到了自己的鹰钩鼻。"嗯，英国大侦探福尔摩斯——世界级的聪明大师就有一个漂亮的鹰钩鼻。"他想。他发现自己个子矮小。"哈哈！拿破仑个子矮小，我也同样矮小。"他想。于是，他终于有了"自知"之明。

"古今中外名人、伟人、聪明人的特点集于我一身，我是一个不同于一般的人，我将前途无量。"第二天，他对他的学生说。

人生感悟

“知人者智，自知者明”，这是中国古代思想家老子对我们的忠告。正如尼采所言：“聪明的人只要能认识自己，便什么也不会失去。”

生命是一场旅行，不要急于到达终点

从前，有个年轻的农夫和情人相约在一棵大树下见面。他性子急，很早就来了。虽然春光明媚，鲜花烂漫，但他急躁不安，无心观赏，颓丧地坐在大树下长吁短叹。

忽然他面前出现了一个小精灵。“你等得不耐烦了吧！”精灵说，“把这个纽扣缝在衣服上吧。要是遇上不想等待的时候，向右旋转一下纽扣，你想跳过多长时间都行。”

小伙子高兴得不得了，握着纽扣，轻轻地转了一下。啊！真是奇妙！情人出现在他的眼前，正含情脉脉地凝望着他呢！“要是现在就举行婚礼该有多棒啊！”他心里暗暗地想着。他又转了一下，隆重的婚礼、丰盛的酒席出现在他的面前，美若天仙的新娘依偎着他，他深深地陶醉其中。他看着美丽的新娘，又想：“如果现在只有我们俩该多好！”不知不觉中纽扣又转动了一点，立刻夜阑人静……

他心中的愿望层出不穷：“还要一所大房子，前面是自己的花园和果园。”他转动着纽扣，还想要一大群可爱的孩子。顿时，一群活泼健康的孩子在宽敞的客厅里愉快地玩耍。他又迫不及待地将纽扣向右转了一大半。

时光如梭，还没有看到花园里开放的鲜花和果园里累累的果实，一切就被茫茫的大雪覆盖了。再看看自己，须发皆白，已经老态龙钟了。

他懊悔不已：“我情愿一步步走完一生，也不要这样匆匆而过，还是让我耐心等待吧！”扣子猛地向左转动了，他又在那棵大树下等着可爱的情人。他的焦躁烟消云散了，心平气和地看着蔚蓝的天空。原来，人生不能跳跃着前行，耐心等待才能让生命的历程充满乐趣。

人生感悟

每个人的一生就是一部历史，应该好好享受每一个过程，而不要急不可耐地将它翻到最后一页。

不能明辨是非，最终要伤到自己

1856 年，亚历山大商场发生了一起盗窃案，共失窃 8 只金表，损失 16 万美元，在当时，这是相当庞大的数目。

就在案子侦破前，有个纽约商人到此地进货，随身携带了 4 万美元现金。当他到达下榻的酒店后，先办理了贵重物品的保存手续，接着将钱存进了酒店的保险柜中，随即出门去吃早餐。

在咖啡厅里，他听见邻桌的人在谈论前阵子的金表失窃案，因为是一般社会新闻，这个商人并不当一回事。

中午吃饭时，他又听见邻桌的人谈及此事，他们还说有人用 1 万美元买了两只金表，转手后即净赚 3 万美元，其他人纷纷投以羡慕的眼光说："如果让我遇上，不知道该有多好！"

然而，商人听到后这些议论后却怀疑地想："哪有这么好的事？"

到了晚餐时间，金表的话题居然再次在他耳边响起，等到他吃完饭，回到房间后，忽然接到一个神秘的电话："你对金表有兴趣吗？老实跟你说，我知道你是做大买卖的商人，这些金表在本地并不好脱手，如果你有兴趣，我们可以商量，品质方面，你可以到附近的珠宝店鉴定，如何？”

商人听到后，不禁怦然心动，他想这笔生意可获取的利润比一般生意优厚许多，便答应与对方会面详谈，结果以 4 万美元买下了传说中被盗的 8 只金表中的 3 只。

但是第二天，他拿起金表仔细观看后，却觉得有些不对劲，于是他将金表带到熟人那里鉴定，没想到鉴定的结果是，这些金表居然都是假货，全部只值几千美元而已。直到这帮骗子落网后，商人才明白，从他一进酒店存钱，这帮骗子就盯上了他，而他听到的金表话题也是他们故意安排设计的，就是为了引他上钩。

骗子的计划是，如果第一天商人没有上当，接下来他们还会有许多花招准备诱骗他，直到他掏出钱为止。

人生感悟

贪婪自私的人往往目光如豆，所以他们只瞧见眼前的利益，看不见身边隐藏的危机，也看不见自己生活的方向。贪欲越多的人，往往生活在日益加剧的痛苦中，一旦欲望无法获得满足，他们便会失去正确的人生目标，陷入对蝇头小利的追逐中。

贪婪者往往自掘坟墓而不自知。

所有丰硕的果实，曾经都是美丽的鲜花

有个风华正茂的青年，时常轻视饱经风霜的老人。

一天，父子俩同游公园。青年顺手摘下一朵鲜花，说道："爸爸，我们青年人就像这朵鲜花一样，洋溢着生命的活力。你们老年人，怎么能和青年人相比呢？"

父亲听罢，在经过小卖部的时候，顺便买了一包核桃，取了一颗，托在掌心里，说道："孩子，你比喻得不错。如果你是鲜花，我就是这干皱的果实。不过，事实告诉人们：鲜花，喜欢让生命显露在炫目的花瓣上；而果实，却爱把生命凝结在深藏的种子里！"

年轻人还是不服气："要是没有鲜花，哪儿来的果实呢？"

父亲哈哈大笑："是啊，所有的果实，都曾经是鲜花；然而，却不是所有的鲜花都能够成为果实！"

人生感悟

衡量人生的标准是看其是否有意义，而不是看其有多长。人生是一座伟大的宝藏，你必须懂得去摘取最有意义的珍宝。

生命的真谛，在于不断重新开始

一位拳术高手跪在宗师的面前，接受得来不易的黑带的授予仪式。这个徒弟经过多年的严格训练，终于出人头地了。

“在授予你黑带之前，你必须接受一个考验。”武学宗师说。

“我准备好了。”徒弟答道，以为可能是最后一个回合的练拳。

“你必须回答最基本的问题：黑带的真正含义是什么？”

“是我习武的结束。”徒弟答道，“是我辛苦练功应该得到的奖励。”

宗师等待着他再说些什么，显然他不满意徒弟的回答。最后他开口了：“你还没有到拿黑带的时候，一年以后再来。”

一年以后，徒弟再度跪在宗师的面前，师傅问：“黑带的真正含义是什么？”

“是本门武学中最杰出和最高荣誉的象征。”徒弟说。

宗师等啊等，过了好几分钟，徒弟还是不说话。显然，他很不满意，最后说：“你仍然没有到拿黑带的时候，一年以后再来。”

一年以后，徒弟又跪在宗师的面前，师傅问：“黑带的真正含义是什么？”

“黑带代表开始——代表无休止的磨炼、奋斗和追求更高标准的里程的起点。”

“好，你已经可以接受黑带开始奋斗了。”

人生感悟

禅宗里有这么一个说法，先是“看山是山，看水是水”，然后再到“看山不是山，看水不是水”，最后则是“看山还是山，看水还是水”的境界。人的生命也如此，总要经历否定之否定，不断重新开始，才能得到真正的真理。

学会从生活中采撷情调

我们的生活可以很平淡、很简单，但是不可以缺少情趣。二十几岁的年轻人要懂得从生活中的点滴琐事中，采撷出五彩缤纷的情趣。

杨蕊是一个大三的穷学生。一个男生喜欢她，同时也喜欢另一个家境很好的女生。在他眼里，她们都很优秀，他不知道应该选谁做妻子。有一次，他到杨蕊家玩，她的房间非常简陋，没什么像样的家具。但当他走到窗前时，发现窗台上放了一瓶花——瓶子只是一个普通的水杯，花是在田野里采来的野花。就在那一瞬，他下定了决心，选择杨蕊作为自己的终身伴侣。促使他下这个决心的理由很简单，杨蕊虽然穷，却是个懂得如何生活的人，将来无论他们遇到什么困难，他相信她都不会失去对生活的信心。

刘玉是个普通的职员，过着很平淡的日子。她常和同事说笑：“如果我将来有了钱……”同事以为她一定会说买房子买车子，而她的回答是：“我就每天买一束鲜花回家！”不是她现在买不起，而是觉得按她目前的收入，到花店买花有些奢侈。有一天她走过人行天桥，看见一个乡下人在卖花，他身边的塑料桶里放着好几把康乃馨，她不由得停了下来。这些花一把才 5 元钱，如果是在花店，起码要 15 元，她毫不犹豫地掏钱买了一把。这把从天桥上买回来的康乃馨，在她的精心呵护下开了一个月。每隔两三天，她就为花换一次水，再放一粒维生素 C，据说这样可以让鲜花开放的时间更长一些。每当刘玉和孩子一起做这一切的时

候，都觉得特别开心。

年轻人要懂得生活的情调，懂得在平凡的生活细节中拣拾生活的情趣。亨利·梭罗说过："我们来到这个世上，就有理由享受生活的乐趣。"当然，享受生活并不需要太多的物质支持，因为无论是穷人还是富人，他们在对幸福的感受方面并没有很大的区别，我们可以通过摄影、收藏、从事业余爱好等途径培养生活情趣。

年轻人懂得采撷生活情调，才能更好地享受生活。

人生感悟

生活中，没有一件小事可以被忽略。一次家庭聚会，一件普通的不能再普通的家务都可以为我们的生活带来无穷的乐趣与活力。

第二章

成功时看得起别人，失败时看得起自己

人难免有成功、失败之时，关键不在成功与失败的本身，而在人们面对它们时的态度。成功的时候不要过高评估自己，失败的时候也不要过低评价自己，这样才能做到得意不忘形、失意不沮丧。

拥有这样的心态，才能在人生的路上每一步都走得踏踏实实、无怨无悔。

相信自己，别人才能相信你

现实中，许多人说：我相信我自己，我是最棒的！当我们在喊这些口号时，我们是否真的相信自己？我们会不会一出门或遇到一点困难，就忘掉刚才所喊的这句话呢？

自信是一种可贵的心理品质，它一方面需要培养，一方面也要依赖知识、体能、技能的储备。在培养自信时，要注意以下两点：一是注重暗示的作用。在做一件事情之前，心中默念“我能干好”或“我能行”之类的话，这样可使自己从心理上放松，久而久之也逐渐地培养了自信的品质。

二是从行为方式上给人以自信的印象。行为方式是人的思想

品质的外在体现，如果行动上畏畏缩缩，或者不知所措，很难令人把你同自信联系起来。与人谈话时，要看着对方的眼睛；说话时要尽量清晰而有条理地表达，不让声音憋在嗓子里。如果对要表述的内容心中没底，就预演一番，这样心里就有把握了。

有一位顶尖的杂技高手，一次，他参加了一个极具挑战的演出，这次演出的主题是在两座山之间的悬崖上架一条钢丝，而他的表演节目是从钢丝的这边走到另一边。杂技高手走到悬在山上钢丝的一头，然后注视着前方的目标，并伸开双臂，慢慢地挪动着步子，终于顺利地走了过去。这时，整座山响起了热烈的掌声和欢呼声。

但没想到的是杂技高手又对所有的人说："我再表演一次，这次我绑住双手然后把眼睛蒙上，你们相信我可以走过去吗？"所有的人都说："我们相信你！你是最棒的！你一定可以做到！"

杂技高手从身上拿出一块黑布蒙住了眼睛，用脚慢慢地摸索到钢丝，然后一步一步地往前走，所有的人都屏住呼吸，为他捏一把汗。终于，他走过去了！表演好像还没有结束，只见杂技高手从人群中找到一个孩子，然后对所有的人说："这是我的儿子，我要把他放到我的肩膀上，我同样还是绑住双手、蒙住眼睛走到钢丝的另一边，你们相信我吗？"所有的人都说："我们相信你！你是最棒的！你一定可以走过去的！"

"真的相信我吗？"杂技高手问道。

"相信你！真的相信你！"所有人都这样说。

"我再问一次，你们真的相信我吗？"

“相信！绝对相信你！你是最棒的！”所有的人都大声回答。

“那好，既然你们都相信我，那我把我的儿子放下来，换上你们的孩子，有愿意的吗？”杂技高手说。

这时，整座山上鸦雀无声，再也没有人敢说相信了。

人生感悟

知识、技能的储备是自信的基础，具备了足够的知识和实际能力，自信就会发自内心，不必强装。只有自己真的相信自己，才能让别人相信你。

尊重他人，才能赢得他人的敬重

在美国第16任总统林肯的故居里，挂着他的两张画像，一张有胡子，一张没有胡子。在画像旁边墙上贴着一张纸，上面歪歪扭扭地写着：

亲爱的先生：

我是一个11岁的小女孩，非常希望您能当选美国总统，因此请您不要见怪我给您这样一位伟人写这封信。

如果您有一个和我一样的女儿，就请您代我向她问好。要是您不能给我回信，就请她给我写吧。我有4个哥哥，他们中有两人已决定投您的票。如果您能把胡子留起来，我就能让另外两个哥哥也选您。您的脸太瘦了，如果留起胡子就会更好看。所有女人都喜欢胡子，那时她们也会让她们的丈夫投您的票。这样，您一定会当选总统。

格雷西

1860年10月15日

在收到小格雷西的信后，林肯立即回了一封信。

我亲爱的小妹妹：

收到你15日的来信，非常高兴。我很难过，因为我没有女儿。我有3个儿子，一个17岁，一个9岁，一个7岁。我的家庭就是由他们和他们的妈妈组成的。关于胡子，我从来没有留过，如果我从现在起留胡子，你认为人们会不会觉得有点可笑？

真诚地祝愿你

林肯

第二年2月，当选的林肯在前往白宫就职途中，特地在小女孩的小城韦斯特菲尔德车站停了下来。他对欢迎的人群说："这里有我的一个小朋友，我的胡子就是为她留的。如果她在这儿，我要和她谈谈。她叫格雷西。"这时，小格雷西跑到林肯面前，林肯把她抱了起来，亲吻她的面颊。小格雷西高兴地抚摸他又浓又密的胡子。林肯对她笑着说："你看，我让它为你长出来了。"

人生感悟

伟人在高处还能够弯腰，恰恰证明了他的伟大。首先尊重他人，才能赢得他人的敬重。

为人处世要谦恭

苏东坡在湖州做了 3 年官，任满回京。想当年，因得罪王安石，落得被贬的结局，这次回来应投门拜见才是。于是，便往宰相府去。

此时，王安石正在午睡，书童便将苏轼迎入东书房等候。

苏轼闲坐无事，见砚下有一方素笺，原来是王安石的两句未完诗稿，题是《咏菊》。苏东坡不由笑道：

“想当年我在京为官时，此老下笔数千言，不假思索。3 年后，却是江郎才尽，起了两句头便续不下去了。”

他把这两句念了一遍，不由叫道：

“呀，原来连这两句诗都是不通的。”

诗是这样写的：

“西风昨夜过园林，吹落黄花满地金。”

在苏东坡看来，西风盛行于秋，而菊花在深秋盛开，最能耐久，随你焦干枯烂，却不会落瓣。一念及此，苏东坡按捺不住，依韵添了两句：

“秋花不比春花落，说与诗人仔细吟。”

待写下后，又想如此抢白宰相，只怕又会惹来麻烦，若把诗稿撕了，不成体统。左思右想，都觉不妥，便将诗稿放回原处，告辞回去了。

第二天，皇上降诏，贬苏轼为黄州团练副使。

苏东坡在黄州任职将近一年，转眼便已深秋，这几日忽然起了大风。风息之后，后园菊花棚下，满地铺金，枝上全无一朵。苏东坡一时目瞪口呆，半晌无语。此时方知黄州菊花果然落瓣！不由对友人道：

“小弟被贬，只以为宰相是公报私仇。谁知是我错了。切记啊，不可轻易讥笑人，正所谓经一失、长一智呀。”

苏东坡心中含愧，便想找个机会向王安石赔罪。想起临出京时，王安石曾托自己取三峡之中峡水用来冲阳羡茶，由于心中一直不服气，早把取水一事抛在脑后。现在便想趁冬至节送贺表到京的机会，带着中峡水给宰相赔罪。

此时已近冬至，苏轼告了假，带着因病返乡的夫人经四川进发了。在夔州与夫人分手后，苏轼独自顺江而下，不想因连日鞍马劳顿，竟睡着了，及至醒

来，已是下峡，再回船取中峡水又怕误了上京时辰，听当地老人道：“三峡相连，并无阻隔。一般样水，难分好歹。”便装了一瓷坛下峡水，带着上京去了。

上京来，先到宰相府拜见宰相。

王安石命门官带苏轼到东书房。苏轼想到去年在此改诗，心下愧然。又见柱上所贴诗稿，更是羞惭，便跪下谢罪。

王安石原谅了苏轼以前没见过菊花落瓣。待苏轼献上瓷坛，书童取水煮了阳羡茶。

王安石问水从何来，苏东坡道：“巫峡。”

王安石笑道：“又来欺瞒我了，此明明是下峡之水，怎么冒充中峡？”

苏东坡大惊，急忙辩解道：“误听当地人言，三峡相连，一般江水，但不知宰相何以能辨别？”

王安石语重心长地说道：“读书人不可轻举妄动，定要细心察理。我若不是到过黄州，亲见菊花落瓣，怎敢在诗中乱道？三峡水性之说，出于《水经补注》，上峡水太急，下峡水太缓，唯中峡缓急相伴，如果用来冲阳羡茶，则上峡味浓，下峡味淡，中峡浓淡之间，今见茶色半晌方见，故知是下峡。”

苏东坡敬服。

王安石又把书橱尽数打开，对苏东坡言道：“你只管从这二十四橱中取书一册，念上文一句，我若答不上下句，就算我是无学之辈。”

苏东坡专拣那些积灰较多，显然久不观看的书来考王安石，谁知王安石竟对答如流。

苏东坡不禁折服："老太师学问渊深，非我晚辈浅学可及！"

苏东坡乃一代文豪，诗词歌赋，都有佳作传世，只因恃才傲物，口出妄言，竟3次被王安石所屈，从此再也不敢轻易讥笑他人了。

人生感悟

我们不可能对万事万物都了如指掌，为人谦恭既是对他人的敬重，也是保护自己的良策。

胸怀雅量

生活中，你心中有善，你就能成为好人；你心中有恶，你就会成为恶人。从本质上讲，我们每个人的一生，都是由自己的心灵造就的。

有首打油诗写道："占便宜处失便宜，吃得亏时天自知。但把此心存正直，不愁一世被人欺。"内心正直、胸怀雅量，才能包容万物，才能以美好善良之心看待万物。

有一次，苏东坡来到寺院找佛印大师与其参禅打坐，坐了很长时间，大师问他在他的对面看到了什么？苏东坡坐在那里并没有真正参禅打坐，眯着眼睛，偷偷地看了佛印大师一眼，佛印大师长得黑黑的，又矮又胖，于是对着大师说：“在我的面前，我仿佛看到狗屎一堆……大师，你的面前看到了什么？”大师声色不变，沉稳地说道：“在我面前我仿佛看到如来本体。”

这下把苏东坡乐坏了，心想：我可占到便宜了，我把佛印说成狗屎一堆，而他却说我像如来本体。苏东坡高兴地回到家里，把事情的经过跟妹妹苏小妹说了一遍，苏小妹虽然年纪小，但却是个胸怀大志的女性，看到哥哥得意的样子就大声地对他说：“哥哥，你还在那得意，这下你可输惨了，佛家讲的是心境，你心里想到的是什么，你看到的就是什么，你说佛印是狗屎一堆，其实你就是狗屎一堆，他心里想到你是如来本体，其实他自己就是如来本体……”听到这儿，苏东坡恍然大悟，脸顿时热了起来。

人生感悟

如何培养雅量呢？

凡是小事，不要太过计较，要原谅别人的过失；不如意的事来临时，泰然处之，不为所累；受人讥讽，不要睚眦必报；学会吃亏，便宜让给别人；多看别人的优点，少盯着别人的缺点。

当别人看扁我们的时候，只有成绩才是最好的证明

阿兰·米穆是一位历经辛酸从社会最底层拼搏出来的法国当代著名长跑运动员，法国 10000 米长跑纪录创造者、第 14 届伦敦奥运会 10000 米赛亚军、第 15 届赫尔辛基奥运会 5000 米亚军、第 16 届墨尔本奥运会马拉松赛冠军，后来在法国国家体育学院执教。

米穆出生在一个相当贫穷的家庭。从孩提时代起，他就非常喜欢运动。可是，家里很穷，他甚至连饭都吃不饱。这对任何一个喜欢运动的人来讲都是很难堪的。例如，踢足球，米穆就是光着脚踢的，他没有鞋子。他母亲好不容易替他买了双草底帆布鞋，为的是让他去学校念书穿的。如果米穆的父亲看见他穿着这双鞋子踢足球，就会狠狠地揍他一顿，因为父亲不想让他把鞋子踢破。

12 岁时，米穆已经有了小学毕业文凭，而且评语很好。他母亲对他说："你终于有文凭了，这太好了！"妈妈去为他申请助学金。但是，遭到了拒绝！

没有钱念书，于是米穆就当了咖啡馆里跑堂的。他每天要一

直工作到深夜，但还是坚持长跑。为了能进行锻炼，他每天早上5点钟就得起来，累得他脚跟都发炎了。为了有碗饭吃，米穆没有多少工夫去训练。不过，他还是咬紧牙关报名参加了法国田径冠军赛。米穆仅仅进行了一个半月的训练。他先是参加了10000米比赛，可是只得了第三名。第二天，他决定再参加5000米比赛。幸运的是，他得了第二名。就这样，米穆被选中并被带进了伦敦奥林匹克运动会。

对米穆来说，这简直是不可思议的事情！他在当时甚至还不知道什么是奥林匹克运动会，也从来想象不到奥运会是如此宏伟壮观。全世界好像都凝缩在那里了。在这个时刻，他知道自己代表法国。

但有些事情让米穆感到不快，那就是，他并没有被人认为是一名法国选手，没有一个人看得起他。比赛前几个小时，米穆想请人替自己按摩一下，于是他便很不好意思地去敲了敲法国队按摩医生的房门。

得到允许以后，他就进去了。按摩医生转身对他说："有什么事吗，我的小伙计？"

米穆说："先生，我要跑10000米，您是否可以帮助我？"

医生一边继续为一个躺在床上的运动员

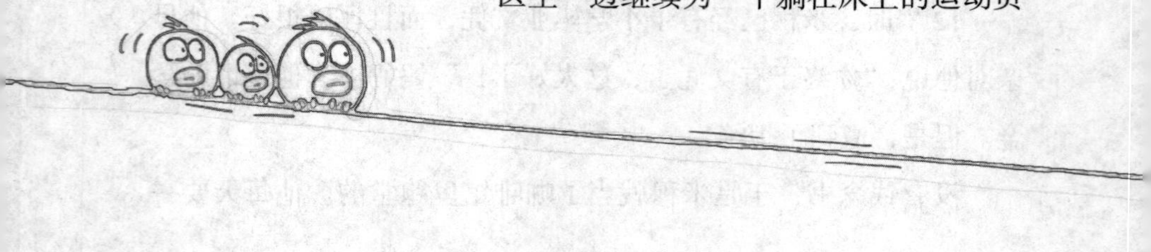

按摩，一边对他说：“请原谅，我的小伙计，我是被派来为冠军们服务的。”

米穆知道，医生拒绝替自己按摩，无非就是因为自己不过是咖啡馆里的一名小跑堂罢了。

那天下午，米穆参加了对他来讲具有历史意义的10000米决赛。他当时仅仅希望能取得一个好名次，因为伦敦那天的天气异常干热，很像暴风雨的前夕。比赛开始了，同伴们一个又一个地落在他的后面。米穆成了第四名，随后是第三名。很快，他发现，只有捷克著名的长跑运动员扎托倍克一个人跑在他前面。米穆最后得了第二名。

米穆就是这样为法国也为自己赢得了第一枚奥运银牌的。然而，最使米穆感到难受的，是当时法国的体育报刊和新闻记者。他们在第二天早上便边打听边嚷嚷：“那个跑了第二名的家伙是谁呀？啊，准是一个北非人。天气热，他就是因为天热而得到第二

名的！”瞧瞧，多令人心酸！

令米穆感到欣慰的是，在伦敦奥运会4年以后，他又被选中代表法国去赫尔辛基参加第十五届奥运会了。在那里，他打破了10000米法国纪录，并在被称之为“本世纪5000米决赛”的比赛中，再一次为法国赢得了一枚银牌。

随后，在墨尔本奥运会上，米穆参加了马拉松比赛。他以1分40秒跑完了最后400米，终于成了奥运会冠军！

人生感悟

人生就像一张洁白的纸，全凭人生之笔去描绘，玩弄纸笔者，白纸上只能涂成一摊胡乱的墨迹；认真书写者，白纸上才会留下一篇优美的文章。

想获得他人的掌声，先要做个坚强的人

世界上的雄辩家，有很多都是在最初被认为说话笨拙的人，狄里斯就是其中一个。

狄里斯生于公元382年，在西欧被称为“历史性的雄辩家”。据说，他的声音很低，而呼吸很短促，口齿不清，旁人经常听不

懂他在说些什么。不过，他的知识非常渊博，因此他的思想也相当深奥，他很擅长分析事理，几乎无人能出其右。

当时，在狄里斯的祖国首都雅典，有很严重的政治纷争，因此，能言善辩的人格外受到重视，一向能先提出时代潮流和趋势的狄里斯，认为自己缺乏说话技巧是很不适宜的，于是他做了一番充分的考虑，并且准备好演讲的内容，从容走上了演讲台。但是，很不幸，他遭遇了失败。

原因就在于他发出的低音和肺活量不足，口齿不清，以致别人无法听清楚他所说的话，但是，狄里斯并不灰心，他反而比过去更努力了，努力训练自己的胆量和意志力。

他每天都跑到海边去，对着浪花拍打的岩石大声喊叫，回家以后，又对着镜子练习说话嘴型，进行发音练习，一直持续不辍。狄里斯就这样努力了好几年，直到他 27 岁时，终于再度走上台向众人演说。

辛苦的努力总算有了成果，他这次盛大的演讲，得到了许多喝彩与掌声，而狄里斯的名气，也就这样打响了。

人生感悟

想得到他人的认可，自己先要变得强而有力。

不断地自我挑战，终究会看到上帝的微笑

海伦刚出生的时候，是个正常的婴孩，能看、能听，也会咿呀学语。可是，一场疾病使她变成既盲又聋的小聋哑人，那时，小海伦刚刚 1 岁半。

这样的打击，对于小海伦来说无疑是巨大的。每当遇到稍不顺心的事，她便会乱敲乱打，野蛮地用双手抓食物塞入口里。若试图去纠正她，她就会在地上打滚，乱嚷乱叫，简直是个十恶不赦的“小暴君”。父母在绝望之余，只好将她送至波士顿的一所盲人学校，特别聘请沙莉文老师照顾她。

在老师的教导和关怀下，小海伦渐渐地变得坚强起来，在学习上十分努力。

一次，老师对她说：希腊诗人荷马也是一个盲人，但他没有对自己丧失信心，而是以刻苦努力的精神战胜了厄运，成为世界上最伟大的诗人。如果你想实现自己的追求，就要在你的心中牢牢地记住“努力”这个可以改变你一生的词，因为只要你选对了方向，而且努力地去拼搏，那么在这个世界上就没有比脚更高的山。

老师的话，犹如黑夜中的明灯，照亮了小海伦的心，她牢牢地记住了老师的话。

从那以后，小海伦在所有的事情上都比别人多付出了 10 倍的努力。

在她刚刚 10 岁的时候，名字就已传遍全美国，成为残疾人士的模范、一位真正的强者。

1893 年 5 月 8 日，是海伦最开心的一天，这也是电话发明者贝尔博士值得纪念的一日。贝尔在这一日建立了著名的国际聋人教育基金会，而为会址奠基的正是 13 岁的小海伦。

若说小海伦没有自卑感，那是不正确的，也是不公正的。幸运的是，她自小就在心底里树起了颠扑不灭的信心，完成了对自卑的超越。

小海伦成名后，并未因此而自满，她继续孜孜不倦地努力学习。1900 年，这个年仅 20 岁，学习了指语法、凸字及发声，并通过这些方法获得超过常人知识的姑娘，进入了哈佛大学拉德克利夫学院学习。

她说出的第一句话是："我已经不是哑巴了！"她发觉自己的努力没有白费，兴奋异常，不断地重复说："我已经不是哑巴了！"

在她 24 岁的时候，作为世界上第一个受到大学教育的盲聋哑人，她以优异的成绩毕业于世界著名的哈佛大学。

海伦不仅学会了说话，还学会了用打字机著书和写稿。她虽然是位盲人，但读过的书却比视力正常的人还多。而且，她写了

7 册书，她比正常人更会鉴赏音乐。

海伦的触觉极为敏锐，只需用手指头轻轻地放在对方的嘴唇上，就能知道对方在说什么；她把手放在钢琴、小提琴的木质部分，就能“鉴赏”音乐；她能通过收音机和音箱的振动来辨明声音，还能够通过手指轻轻地碰触对方的喉咙来“听歌”。

如果你和海伦·凯勒握过手，5 年后你们再见面握手时，她也能凭着握手认出你来，知道你是美丽的、强壮的、幽默的，或者是满腹牢骚的人。

这个克服了常人无法克服的残疾的人，其事迹在全世界引起了震惊和赞赏。她大学毕业那年，人们在圣路易博览会上设立了“海伦·凯勒日”。

她始终对生命充满了信心，充满了热爱。

在第二次世界大战后，海伦·凯勒以一颗爱心在欧洲、亚洲、非洲各地巡回演讲，唤起了社会大众对身体残疾者的注意，被《大英百科全书》称颂为有史以来残疾人士最有成就的由弱而强者。

美国作家马克·吐温评价说：“19 世纪中，最值得一提的人物是拿破仑和海伦·凯勒。”身受盲聋哑三重痛苦，却能克服残疾并向全世界投射出光明的海伦·凯勒，以及她的老师沙莉文女士的成功事迹，说明了什么问题呢？答案是很简单的：如果你在人生的道路上，选择信心与热爱以及努力作为支点，再高的山峰也会被踩在脚下，你就会攀登上生命之巅。

人生感悟

每个人成长的道路都不可能是一帆风顺的，但为什么有的人在不平坦的人生道路上摘取了迷人的桂冠，而有的人却碌碌无为呢？成功者之所以取得了成功，就在于他们在人生的旅程中，选择了努力作为人生和生命的支点，直到登上了理想的高峰。

苦难是所让人受益的学校

在法国里昂的一次宴会上，人们对一幅是表现古希腊神话还是历史的油画发生了争论。主人眼看争论越来越激烈，就转身找他的一个仆人来解释这幅画。使客人们大为惊讶的是，这仆人的说明是那样清晰明了，那样深具说服力。辩论马上就平息了下来。

“先生，您是从什么学校毕业的？”一位客人对这个仆人很尊敬地问。

“我在很多学校学习过，先生，”这年轻人回答，“但是，我学的时间最长、收益最大的学校是苦难。”

这个年轻人为苦难所付出的学费是很有益的。尽管他当时只是一个仆人，但不久以后他就以其超群的智慧震惊了整个欧洲。他就是法国哲学家和作家卢梭。

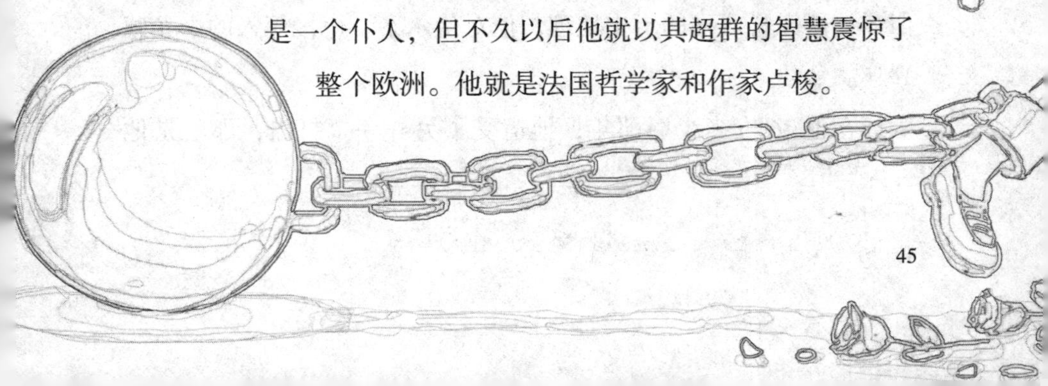

人生感悟

凡是天生刚毅的人必定有自强不息的精神。但凡在年轻时遭遇苦难而能做到坚忍不拔的人，在以后的人生道路上多半会变得豁达、从容。

怕苦，苦一世；不怕苦，苦一时

拿破仑出生于科西嘉穷困的没落贵族家庭。

在父亲的安排下，拿破仑 9 岁就到法兰西共和国布里埃纳军校接受教育。他的同学都很富有，他们大肆讽刺他的穷苦。拿破仑非常愤怒，却一筹莫展，屈服在威势之下。就这样，他忍受了 5 年。但是，每一种嘲笑，每一种欺侮，每一种轻视的态度，都使他暗下决心，发誓要做给他们看看，以此证明他确实是高于他们的。

他是如何做的呢？这当然不是一件容易的事，他一点也不空口自夸。他只是心里暗暗计划，决定利用这些没有头脑却傲慢的人作为桥梁，使自己既富有又出名。

他经常避开同学们兴高采烈的游戏活动，躲进图书馆，如饥似渴地研究科西嘉的历史地理，他对伏尔泰、卢梭等人的书尤感兴趣。

在他 16 岁当少尉那年，他遭受了另外一个打击，那就是他父亲的去世。由于哥哥约瑟夫既无能又懒惰，家庭的重担就落在拿破仑身上。在那以后，他不得不从极少的薪金中，省出一部分来帮助母亲。当他接受第一次军事征召时，必须步行到遥远的发隆斯去加入部队。

等他到达部队时，看见他的同伴正在闲暇时间追求女人和赌博。而他那不受人欢迎的性格使他没有资格得到以前的那个职位，同时，他的贫困也使他失去了后来争取到的职位。于是，他改变策略，用埋头读书的方法去努力和他们竞争。读书是和呼吸一样自由的，因为他可以不花钱在图书馆里借书读，这使他得到了很大的收获。

他并不是读没有意义的书，也不是专以读书来消遣自己的烦闷，而是为自己将来的理想做准备。他下定决心要让全天下的人知道自己的才华。因此，在他选择图书时，也就往往有一个选择的范围。他住在一个既小又闷的房间内，在这里，他脸无血色，孤寂、沉闷，但他却在不停地读书。

通过几年的学习，他所摘抄下来的记录，印刷出来的就有400多页。他想象自己是一个总司令，将科西嘉岛的地图画出来，地图上清楚地指出哪些地方应当布置防范，这是用数学的方法精确地计算出来的。因此，他数学的才能获得了提高，这是他第一次有机会表示他能做什么。

他的长官看见拿破仑的学问很好，便派他在操练场上执行一些任务，这是需要极复杂的计算能力的。他的工作做得极好，于是他获得了新的机会，开始走上晋升的道路。

这时，一切的情形都改变了。从前嘲笑他的人，现在都拥到他面前来，想分享一点他得到的奖金；从前轻视他的人，现在都希望成为他的朋友；从前揶揄他是一个矮小、无用、死用功的人，现在也都尊重他。他们都变成了他的拥戴者。

人生感悟

丘吉尔说："做人就要做坚强和刚猛的大雄狮！"人生是一个与困难作战的过程，你不打败困难，困难就会打败你。当困难降临在你头上，你是勇敢地迎接挑战呢，还是知难而退，落荒逃走？这是做人的一个大问题。

每个人都有两个简历，一个叫成功，另一个叫失败

1832 年，林肯失业了。这使他很伤心，但他下决心要当政治家，当州议员。糟糕的是，他竞选失败了。在一年里遭受两次打击，这对他来说无疑是痛苦的。

接着，林肯着手自己开办企业，可一年不到，这家企业又倒闭了。在以后的 17 年间，他不得不为偿还企业倒闭时所欠的债务而到处奔波，历尽磨难。

随后，林肯再一次决定参加竞选州议员，这次他成功了。他

内心萌发了一丝希望，认为自己的生活有了转机："可能我可以成功了！"

1835 年，他订婚了。但离结婚还差几个月的时候，未婚妻不幸去世。这对他的打击实在太大了，他心力交瘁，数月卧床不起。1836 年，他得了神经衰弱症。

1838 年，林肯觉得身体状况良好，于是决定竞选州议会议长，可他失败了。1843 年，他又参加竞选美国国会议员，但这次仍然没有成功。

林肯虽然一次次地尝试，但却是一次次地遭受失败：企业倒闭、情人去世、竞选败北。要是你碰到这一切，你会不会放弃，放弃这些对你来说是重要的事情?

林肯没有放弃。1846 年，他又一次参加竞选国会议员，最后终于当选了。

两年任期很快过去了，他决定要争取连任。他认为自己作为国会议员表现是出色的，相信选民会继续选举他。但结果很遗憾，他落选了。

因为这次竞选他赔了一大笔钱，林肯申请当本州的土地官员。但州政府把他的申请退了回来，并指出："做本州的土地官员要求有卓越的才能和超常的智力，你的申请未能满足这些要求。"接连又是两次失败。在这种情况下你会坚持继续努力吗？你会不会说"我失败了"？

然而，林肯没有服输。1854 年，他竞选参议员，但失败了；两年后他竞选美国副总统提名，结果被对手击败；又过了两年，他再一次竞选参议员，还是失败了。

林肯尝试了11次，可只成功了两次，他一直没放弃自己的追求，他一直在做自己生活的主宰。1860年，他当选为美国总统。

人生感悟

没有人会轻易地平步青云，在成功的背后隐匿着许多他人所不了解的辛酸与苦楚，个中滋味也许只有当事人自己清楚。

忍耐和坚持是痛苦的，但它们能给你带来好处

1987年3月30日晚上，洛杉矶音乐中心的钱德勒大厅内灯火辉煌，座无虚席，人们期盼已久的第59届奥斯卡金像奖的颁奖仪式正在这里举行。玛莉·马特琳凭借在《上帝的孩子》中出色的表演，获得最佳女主角奖。手里拿着金像的玛莉·马特琳激动不已。她似乎有很多很多话要说，可是人们没有看到她的嘴动，她又把手举了起来，眼尖的人已经看出她是在向观众打手语，内行的人已经看明白了她的意思："说心里话，我没有准备发言。此时此刻我要感谢电影艺术科学院，感谢全体剧组同事……"

原来，这个奥斯卡金像奖最佳女主角奖获得者，竟是一个不

会说话的哑女。

玛莉·马特琳不仅是一个哑巴，还是一个聋子。

玛莉·马特琳出生时是一个正常的孩子，但她在出生 18 个月后，被一次高烧夺去了听力和说话的能力。但她从小就喜欢表演。8 岁时加入伊利诺伊州的聋哑儿童剧院，9 岁时就在《盎司魔术师》中扮演多萝西。

1985 年，19 岁的玛莉参加了舞台剧《上帝的孩子》的演出。她饰演的是一个次要角色。可就是这次演出，使玛莉走上了银幕。

女导演兰达·海恩丝决定将《上帝的孩子》拍成电影。可是为物色女主角——萨拉的扮演者，导演大费周折。她用了半年时间先后在美国、英国、加拿大和瑞典寻找，但都没找到中意的。于是她又回到了美国，观看舞台剧《上帝的孩子》的录像。她发现了玛莉高超的演技，决定立即启用她担任影片的女主角，饰演萨拉。

玛莉扮演的萨拉，在全片中没有一句台词，全靠极富特色的眼神、表情和动作，揭示主人公矛盾复杂的内心世界——自卑和不屈、喜悦和沮丧、孤独和多情、消沉和奋斗。玛莉十分珍惜这次机会，她勤奋、严谨，认真对待每一个镜头，用自己的心去拍，因此表演得惟妙惟肖，让人拍案叫绝。

就这样，玛莉·马特琳实现了人生的飞翔。她成为美国电影史上第一个聋哑影后。正如她自己所说的那样："我的成功，对每个人，不管是正常人，还是残疾人，都是一种激励。"是的，如果你想成功，不管自身条件如何，都不能坐等和指望苍天，一切取决于自己。

人生感悟

人生并非一帆风顺。真正的成功者是那些在跌倒后能一次次爬起，在苦难中毫不退缩、不言放弃的人。就像玻璃钢的杯子，哪怕摔得再多，它还是能一次又一次以自己的完好证明着自己的韧性。不倒翁并非不倒，只是它在倒了之后能重新站立！

打不垮的意志，跌不破的成就

一个农民，初中只读了两年，家里就没钱继续供他上学了。他辍学回家，帮父亲耕种 3 亩薄田。在他 19 岁时，父亲去世了，家庭的重担全部压在了他的肩上。他要照顾身体不好的母亲和瘫痪在床的祖母。

20 世纪 80 年代，农田承包到户。他把一块水洼挖成池塘，想养鱼。但乡里的干部告诉他，水田不能养鱼，只能种庄稼，他只好又把水塘填平。这件事成了一个笑话——在别人的眼里，他是一个想发财但又非常愚蠢的人。

听说养鸡能赚钱，他向亲戚借了 500 元钱，养起了鸡。但是一场洪水后，鸡得了鸡瘟，几天内全部死光了。500 元对别人来说可能不算什么，对一个只靠 3 亩薄田生活的家庭而言，不啻为天文数字。他的母亲受不了这个刺激，竟然忧郁而死。

他后来酿过酒、捕过鱼，甚至还在石矿的悬崖上帮人打过炮眼……可都没有赚到钱。但他还想搏一搏，就四处借钱买了一辆手扶拖拉机。不料，上路不到半个月，这辆拖拉机就载着他冲入一条河里。他断了一条腿，成了瘸子。而那辆拖拉机，被人捞起来后已经支离破碎，他只能拆开它，当作废铁卖。

几乎所有的人都说他这辈子完了。但是后来他却成了一家公司的老总，手中有两亿元的资产。现在，许多人都知道他苦难的过去和富有传奇色彩的创业经历。许多媒体采访过他，许多报告文学描述过他。有这样一个情节，记者问他："在苦难的日子里，你凭什么一次又一次毫不退缩？"

他坐在宽大豪华的老板台后面，喝完了手里的一杯水。然后，他把玻璃杯子握在手里，反问记者："如果我松手，这只杯子会怎样？"

记者说："摔在地上，碎了。"

"那我们试试看。"他说。

他手一松，杯子掉到地上发出清脆的声音，但并没有破碎，而是完好无损。他说："即使有10个人在场，他们都会认为这只杯子必碎无疑。但是，这只杯子不是普通的玻璃杯，而是用玻璃钢制作的。"

这样的人，即使只有一口气，他也会努力去拉住成功的手，除非上苍剥夺了他的生命。

人生感悟

人生在世，不可能事事如愿。只要坚持，成功一定会向你招手。

第三章

人生需要有一场无悔的突围

我们二十出头的年纪，虽然已被社会认定为成年人，但剥去表面的成熟，我们并未做好由里到外变成成年人的准备。

青春施加给人生的真正压力，并非是那些需要积累的证书和业绩，而是看不到未来的不安感。因为看不清，因为对未来一无所知，所以时时感到迷茫和恐惧。

给自我加重，是一个人不被打倒的唯一的方法

一艘货轮卸货后返航，在浩瀚的大海上，突然遭遇巨大风暴。

老船长果断下令："打开所有的船舱，立刻往里面灌水。"

水手们担忧："险上加险，不是自找死路吗？"

船长镇定地说："大家见过根深干粗的树被暴风刮倒吗？被刮倒的往往是没有根基的小树。空船时，最容易发生危险，船在负重的时候，才是最安全的。"

水手们半信半疑地照着做了，虽然暴风巨浪依旧那么猛烈，但随着货仓里的水越来越满，货轮渐渐地平衡了。

再来看下面的这个故事。

一个黑人小孩在他父亲的葡萄酒厂看守橡木桶。每天早上，他用抹布将一个个木桶擦拭干净，然后一排排整齐地摆放好。令他生气的是，往往一夜之间，风就把他排列整齐的木桶吹得东倒西歪。

小男孩很委屈地哭了。父亲摸着男孩的头说："孩子，别伤心，我们可以想办法去征服风。"

于是，小男孩擦干了眼泪坐在木桶边想啊想啊，想了半天终

于想出了一个办法。他从井里挑来一桶一桶的清水，然后把它们倒进那些空空的橡木桶里，然后他就忐忑不安地回家睡觉了。

第二天，天刚蒙蒙亮，小男孩就匆匆爬了起来，他跑到放桶的地方一看，那些橡木桶一个个排列得整整齐齐，没有一个被风吹倒，也没有一个被风吹歪。小男孩高兴地笑了，他对父亲说：“木桶要想不被风吹倒，就要加重木桶自己的重量。”男孩的父亲赞许地微笑了。

人生感悟

在这个世界上，有很多我们改变不了的东西，但是我们却可以改变自己，改变我们自己心灵的重量，这样我们就可以稳稳地站住脚，不被风和其他东西吹倒和打倒。可以说，给自我加重，是一个人不被打倒的唯一的方法。

只有不停地奋斗，才能成为生活的强者

很多年以前，有一个年轻人，因为家贫没有读多少书，他去了城里，想找一份工作。可是他发现城里没一个人看得起他，因为他没有文凭。

就在他决定要离开那座城市时，忽然想给当时很有名的银行家罗斯写一封信。他在信里抱怨了命运对他如何不公："如果您能借一点钱给我，我会先去上学，然后再找一份好工作。"

信寄出去了，他便一直在旅馆里等，几天过去了，他用尽了身上的最后一分钱，并将行李打好了包。就在这时，房东说有他一封信，是银行家罗斯写来的。可是，罗斯并没有对他的遭遇表示同情，而是在信里给他讲了一个故事。

罗斯说，在浩瀚的海洋里生活着很多鱼，那些鱼都有鱼鳔，但是唯独鲨鱼没有鱼鳔。没有鱼鳔的鲨鱼照理来说是不可能活下去的，因为它行动极为不便，很容易沉入水底，在海洋里只要一停下来就有可能丧生。所以，为了生存，鲨鱼只能不停地运动，不停地为生存而奋斗。很多年后，鲨鱼拥有了强健的体魄，成了同类中最凶猛的鱼。最后，罗斯说，这个城市就是一个浩瀚的海洋，拥有文凭的人很多，但成为强者的人很少。你现在就是一条没有鱼鳔的鱼……

那天晚上，这个年轻人躺在床上久久不能入睡，一直在想着罗斯的信。突然，他改变了决定。第二天，他跟旅馆的老板说，只要能给一碗饭吃，他就可以留下来当服务生，连一分钱工资都不要。旅馆老板不敢相信世上有这么便宜的劳动力，很高兴地留下了他。

10年后，他拥有了令全美国羡慕的财富，并且娶了银行家罗斯的女儿，他就是石油大王哈特。

人生感悟

我们知道，在这个世界上，只有强者才能生存得更好。每个人总有自己不如意的地方，但这不能成为逃避的借口。只要放下姿态，不停地去奋斗，就一定能够成为生活的强者。

想做就立刻去做，不要有半点迟疑

孟列·史威济非常喜欢打猎和钓鱼，他最喜欢的生活是带着钓鱼竿和猎枪步行50里到森林里，过几天以后再回来，虽然筋疲力尽、满身污泥，但他快乐无比。这类爱好唯一不便的是，他是个保险推销员，打猎钓鱼太花时间。

有一天，当他依依不舍地离开心爱的鲈鱼湖，准备打道回府时突发异想：在这荒山野地里会不会也有居民需要保险？那他不就可以同时工作又有户外时间了吗？结果他发现果真有这种人，他们是阿拉斯加铁路公司的员工。他们散居在沿线五百里各段路轨的附近。他可不可以沿铁路向这些铁路工作人员、猎人和淘金者推销保险呢？

史威济就在想到这个主意的当天开始积极计划。他向一个旅行社打听清楚以后，就开始整理行装。他没有停下来让恐惧乘虚而入，他也不左思右想找借口，他只是搭上船直接前往阿拉斯加的“西湖”。

史威济沿着铁路走了好几趟，那里的人都叫他“步行的史威济”，他成为那些与世隔绝的家庭最欢迎的人。同时，他也代表了外面的世界。不但如此，他还学会理发，替当地人免费服务。他还无师自通地学会了烹饪。由于那些单身汉吃厌了罐头食品和腌肉之类，他的手艺当然使他变成最受欢迎的贵客。而在这同时，他也正在做一件自然而然的事，正在做自己想做的事：徜徉于山野之间、打猎、钓鱼，并且像他所说的“过史威济的生活”。

在人寿保险事业里，对于一年卖出100万元以上的人设有光荣的特别头衔，叫作“百万圆桌”。史威济的故事中，最不平常而使人惊讶的是：在他把突发的一念付诸实行以后，在动身前往阿拉斯加的荒原以后，在沿线走过没人愿意前来的铁路以后，他一年之内就做成了百万元的生意，因而赢得“百万圆桌”上的一席之位。假使他在突发奇想时，对于做事的秘诀有半点迟疑，这一切都不可能发生。

人生感悟

很多事本来是可以做成的，但由于当时犹豫不决而错过了时机，或由于考虑太多而放弃了去做。如果下定决心后，就要立刻去做，这样会激发你的潜能，会使你最渴望的梦想得以实现。

贫穷是一所学校，只有辛勤劳动才能毕业

汤姆的父亲去世了，当时他只有十岁，别的孩子还都在尽情玩耍的时候，汤姆却承担起了家庭的重担，他要和妈妈一起支撑家庭。他知道这不是一件简单的事，但他必须这样做，因为他是家里唯一的男子汉。

他从来不张口向母亲要任何东西，但是这一次，他需要一本字典，这样才能把那门课上好。但怎么向妈妈要这些钱呢？看到母亲整天省吃俭用为了这个家而操劳，汤姆心里实在不是滋味。

躺在床上他彻夜未眠，天快亮的时候才昏昏沉沉地睡去。第

二天醒来的时候，大雪盖住了所有的路，寒风吹得每个人都不想去扫雪。

但汤姆可不这样想，他知道自己挣钱的机会到了。于是，他跑到邻居家，提出替他们清扫屋前的积雪，这个建议被邻居接受了。当他完成这项工作后，他得到了自己应得的报酬。

看来还有其他的人也愿意让人替他们扫雪，就这样汤姆换了一家又一家，整整一天他都在为别人家扫雪，最后他赚的钱足够买一本字典了，而且还有剩余。

当他回到家的时候，发现自己家门口的雪早已经被扫干净了。母亲做好了热乎乎的饭，正在家里等他回家呢。母亲知道他干什么去了，她用鼓励的眼神看着自己的孩子，她相信汤姆是最懂事的孩子，他将来一定会取得很大成就的。

汤姆坐在自己的座位上，在所有的孩子中他是最开心的，因为他手里有一本用自己赚的钱买的字典。

长大后的汤姆成了一家大型公司的董事长。

再来看下面的这个故事。

亨利的父亲过世了，他还有一个两岁大的妹妹，母亲为了这个家整日操劳，但是赚的钱难以让这个家的每个人都能填饱肚子。看着母亲日渐憔悴的样子，亨利决定帮妈妈赚钱养家，因为他已经长大了，应该为这个家贡献一份自己的力量了。

一天，他帮助一位先生找到了他丢失的笔记本，那位先生为了答谢他，给了他一美元。

亨利用这一美元买了三把鞋刷和一盒鞋油，还自己动手做了个木头箱子。带着这些工具，他来到了街上，每当他看见路人的皮鞋上全是灰尘的时候，就对那位先生说:“先生，我想您的鞋需要擦油了，让我来为您效劳吧？”

他对所有的人都是那样有礼貌，语气是那么真诚，以至每一个听他说话的人都愿意让这样一个懂礼貌的孩子为自己的鞋擦油。他们实在不愿意让一个可怜的孩子感到失望，他们知道这个孩子肯定是一个懂事的孩子，面对这么懂事的孩子，怎么忍心拒绝他呢!

就这样，第一天他就带回家五十美分，他用这些钱买了一些食品。他知道，从此以后每一个人都不需要再挨饿了，母亲也不用像以前那样操劳了，这是他能办到的。

当母亲看到他背着擦鞋箱，带回来这些食品的时候，她流下了高兴的泪水。“你真的长大了，亨利。我不能赚足够的钱让你们过得更好，但是我相信我们将来可以过得更好。”妈妈说。就这样，亨利白天工作，晚上去学校上课。他赚的钱不仅为自己交了学费，还足够维持母亲和小妹妹的生活了。他知道工作不分贵贱，只要是靠自己的劳动赚钱就是光荣的。

长大后的亨利成了一个远近闻名的百万富翁。

人生感悟

很多成功人士的家境原先都很贫穷，但正是由于贫穷，才迫使他们早早地学会了劳动——因为劳动可以改变贫穷。贫穷是一所学校，只有通过劳动才能得到金光灿灿的“毕业证书”。

勇敢地面对别人轻视嘲笑的目光，做生活中真正的强者

丹尼斯·罗杰斯上高中时，只有1.5米的身高，36公斤的体重，是一个地道的“矮子”。他的脊柱有些弯曲，整个上身看上去弯成一个问号的样子，那也是他面向自己将来人生的疑问：“我是谁？我将来能干什么？”他不知道。唯一确知的是，自己是一个矮子，他的身高连普通标准都达不到。

由于罗杰斯身材矮小，身单力薄，学校体育队的队员们老叫他“侏儒”。他们常拿他取笑。知道他打不过他们，便常来欺负他，故意绊倒他，抢他手里的书。罗杰斯经常生活在被恐吓的阴影之中。而且，学校里每一个人都可能是潜在的恐吓者。体育课是他最难受的一门课，有竞赛的项目，哪一方也不愿要他，他常像皮球一样被踢来踢去。

一天，老师把罗杰斯叫到一边：“丹尼斯，我们决定替你转一个班，从现在起，你到特殊教育班去上课吧！”

“特教班？可那是为残疾学生开的班呀！”

“我很抱歉，”他说，拍拍罗杰斯的肩膀，“但是我们是为你着想。”

放学了，罗杰斯回到家，“砰”的一声关上房门，在镜子前仔细端详自己：弯腰驼背，手臂细得可怜。他失望地倒在床上。“为什么？为什么我会长成这样？”罗杰斯站起身来，望着父亲在院子里干活的身影发呆。父亲虽然也是小个子，却曾在军队服役，身上肌肉发达，没人敢欺负他。罗杰斯暗自下了决心。

父亲帮助他自制了一个举重用的杠铃。每天晚上，他都到楼下的储藏室去练习举重。一次次地，罗杰斯逐渐能举起杠铃了。他又不时往上加重量，往往一次加上 5 磅，他必须要拼足全部力气才能举起来。对罗杰斯来说，这不仅仅是举杠铃，这是向自我挑战。

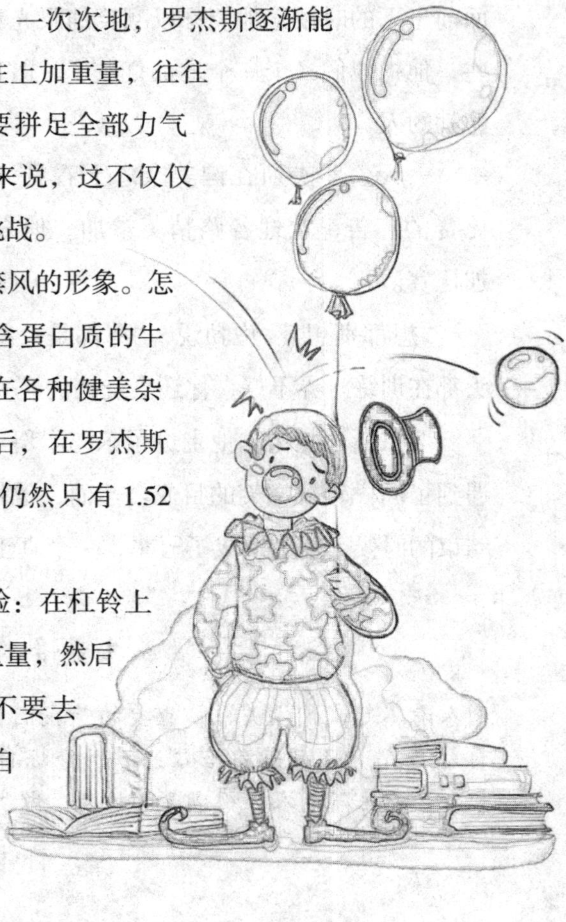

他要改变自己弱不禁风的形象。怎么办？他开始吃大量富含蛋白质的牛奶、鸡蛋等营养品，并在各种健美杂志中寻求帮助。6 个月后，在罗杰斯 17 岁生日的这一天，他仍然只有 1.52 米高，体重 40 公斤。

罗杰斯做了一个实验：在杠铃上放上迄今为止能举起的重量，然后再加上额外的 50 磅。“不要去想你的个子，”他告诉自己，“举就是了，你能行。”他举了，居然举起来了！他知道为什么自己能举起这么重的东西了。过去，他总认为自己的个子小，越是这样，就越是限制了自己潜能的挖掘，更说不上发挥了。

从此，罗杰斯开始正规地学习举重，每天都去体育馆训练。他的肌肉增加了，力气增大了，微驼的脊背伸直了。有不少在这里锻炼的人都爱掰手腕，他也加入进去。最初，当罗杰斯在他们面前坐下的时候，他们都以嘲笑的眼光看着他。罗杰斯不理会这些，他把他们一个一个地都打败了。但是，罗杰斯输给了一个叫鲍勃的人。

一天，罗杰斯在健美杂志上看见一则东海岸将举行掰手腕比赛的广告，欢迎各路精英参加。他告诉鲍勃，自己也想去参加比赛。

“想都别想，”鲍勃说，“那都是一些专业人士，他们一年到头都在训练。弄不好，你还会受伤的。”

罗杰斯不相信，他走进了东海岸掰手腕比赛的现场。罗杰斯遇到了同样轻视嘲笑的目光。然而，他打败了所有的对手。比赛结束的时候，罗杰斯成了冠军，一个真正的强者。

人生感悟

别人看不起我们没关系，重要的是我们自己要肯定自己，绝不能自暴自弃。只有充满信心，不断磨炼自己，让自身逐步完善壮大，才能击碎别人轻视嘲笑的目光，做生活中真正的强者。

第四章

心态对了，世界就对了

积极的心态就像阳光一样，是能量之源，是快乐之本。当我们的心灵充满阳光时，我们的生活也一定会变得充满欢笑、丰富多彩。无数成功人士所走过的成功之路均证实了这样一个真理：积极的心态是成功的关键。

改变了心态，生活也会随之改变

塞尔玛陪伴丈夫驻扎在一个沙漠的陆军基地里。丈夫奉命到沙漠里去演习，她一个人留在陆军的小铁皮房子里，天气热得受不了。她没有人可谈天——身边只有当地人，而他们不会说英语。她非常难过，于是就写信给父母，说要抛弃一切回家去。

她父亲的回信只有两行，这两行字却永远留在她心中，完全改变了她的生活。这两行字是：

两个人从牢中的铁窗望出去，

一个看到泥土，一个却看到了星星。

塞尔玛一再读这封信，觉得非常惭愧。她决定要在沙漠中找到星星。

塞尔玛开始和当地人交朋友，他们的反应使她非常惊奇，她对他们的纺织、陶器表示兴趣，他们就把最喜欢但舍不得卖给观光客人的纺织品和陶器送给了她。

塞尔玛研究那些引人入迷的仙人掌和各种沙漠植物、物态，又学习有关土拨鼠的知识。她观看沙漠日落，还寻找海螺壳，这些海螺壳是几万年前，这沙漠还是海洋时留下来的……原来难以忍受的环境竟变成了令人兴奋、流连忘返的奇景。

是什么使塞尔玛的内心发生了这么大的转变呢？

沙漠没有改变，当地人也没有改变，但是塞尔玛的观念改变了，心态改变了。一念之差，使她把原先认为恶劣的情况，变为一生中最有意义的冒险。她为发现新世界而兴奋不已，并为此写了一本书，以《快乐的城堡》为书名出版了。

她从自己造的牢房里看出去，终于看到了星星。

人生感悟

很多时候，我们之所以感到生活枯燥乏味，是因为我们的心态是枯燥乏味的。如果想使生活变得有滋有味，就要改变心态，变消极心态为积极心态。只有这样，我们才能改变自己的生活。

无论发生了什么，都没有什么大不了的

如果一个人在 46 岁的时候，在一次很惨的意外事故中被烧得不成人形，4 年后又在一次坠机事故后腰部以下全部瘫痪，会怎么办？

接下来，我们能想象他会变成百万富翁、受人爱戴的公共演说家、扬扬得意的新郎官及成功的企业家吗？我们能想象他会去泛舟、玩跳伞、在政坛角逐一席之地吗？

但这一切，米契尔全做到了，甚至有过之而无不及。在经历了两次可怕的意外事故后，他的脸因植皮而变成一块彩色板，手指没有了，双腿如此细小，无法行动，只能瘫痪在轮椅上。

那次意外事故，把他身上六成以上的皮肤都烧坏了，为此他动了 16 次手术，手术后，他无法拿起叉子，无法拨电话，也无法一个人上厕所，但以前曾是海军陆战队员的米契尔从不认为他被打败了。他说：“我完全可以掌控我自己的人生之船，那是我的浮沉，我可以选择把目前的状况看成倒退或是一个起点。”6 个月之后，他又能开飞机了！

米契尔为自己在科罗拉多州买了一幢维多利亚式的房子，另外也买了房子、一架飞机及一家酒吧，后来他和两个朋友合资开了一家公司，专门生产以木材为燃料的炉子，这家公司后来变成佛蒙特州第二大私企公司。

意外事故发生后 4 年，米契尔所开的飞机在起飞时又摔回跑道，把他胸部的 12 条脊椎骨全压得粉碎，腰部以下永远瘫痪！

米契尔仍不屈不挠，日夜努力使自己能达到最高限度的独立自主，他被选为科罗拉多州孤峰顶镇的镇长，以保护小镇的美景及环境，使之不因矿产的开采而遭受破坏。米契尔后来也竞选国会议员，他用一句“不只是另一张小白脸”的口号，将自己难看的脸转化成一项有利的资产。

尽管刚开始面貌骇人、行动不便，米契尔却开始泛舟，他坠入爱河且完成终身大事，他拿到了公共行政硕士学位，并持续他的飞行活动、环保运动及公共演说。

米契尔屹立不倒的正面态度，使他得以在《今天看我秀》及《早安美国》节目中露脸，同时《前进杂志》《时代周刊》《纽约时报》及其他出版物也都有米契尔的人物特写。

米契尔说：“我瘫痪之前可以做 1 万件事，现在我只能做 9000 件，我可以把注意力放在我无法再做的 1000 件事上，或是把目光放在我还能做的9000件事上。告诉大家，我的人生曾遭受过两次重大的挫折，而我不能把挫折拿来当成放弃努力的借口。或许你们可以用一个新的角度，来看待一些一直让你们裹足不前的经历。你可以退一步，想开一点，然后，你就有机会说：'或许那也没什么大不了的！'"

人生感悟

这世上有幸运，也就会有不幸。当不幸来临时，无论是发生了什么事，都要保持一种积极向上的心态和顽强的拼搏精神。我们要告诉自己："这没什么大不了的，我依然可以做以前想做的事，而且会把能做的事做得更好。"

当弱点受到挑战时，用强项去迎接挑战

多年前的那个周末舞会，女孩是秀发披肩、亭亭玉立的大学毕业生，她像一朵六月的新莲在沸腾的舞池中，翩翩起舞，飘逸而芬芳。

在目光的包围和无休无止地旋转后，她累了，坐在一隅休息。

这时，一个男孩走过来，向她微微鞠躬，伸出手："我可以请

你跳一曲吗？”他彬彬有礼，像一个古代的王子，让人不忍拒绝。

带着一丝疲倦，她站了起来。当两个人面对面地站在舞池中，静等音乐响起的片刻，她突然发现，那个男孩竟然比她似乎还矮一点。也许并不真的比她矮，但是女孩子觉得，如果哪个男孩与她等高，那就已经是很矮了。

“我比你还高哪！”女孩子悄悄地说，笑着，像小时与小伙伴比高矮时得胜后高兴的样子。其实是心无城府的，因为她从小就比身边所有的朋友长得高，已习惯了在与他们的比较中骄傲地笑。但眼前的男孩并不是自己的朋友，只是舞会上偶尔邂逅的舞伴。女孩立刻为自己的口无遮拦而后悔了。她的脸唰的一下红了。

一切发生得太快了，男孩子有点猝不及防。稍稍愣了一下，脸上的笑还来不及褪去，新的一波笑意竟浮了上来。

他不愠不恼地说：“是吗？我要迎接挑战。”

后面四个字稍稍有点重。女孩无语，歉意地笑，躲过他的目光，但却有点紧张地捕捉来自他的信息。只见他下意识地挺直了腰胸，轻描淡写地说：“把我所发表过的文章垫在我的脚底下，我就比你高了。”

原来，他也有他的骄傲。

舞会后不久，他们成了恋人。后来，因为阴差阳错，他们并没能走到一起。但是，女孩却从来没有忘记过他，没有忘记当年在舞会上的那一幕，尤其是那两句不卑不亢的话：“我要迎接挑战。”“把我所发表的文章垫在我的脚底下，我就比你高了。”

人生感悟

每个人都会有自己的弱点或缺陷，每个人也都有自己的强项，当弱点或缺陷受到挑战时，不要退缩，而要勇敢地去迎接它，用自己的强项击败挑战。

一切都会过去

古希腊有一位国王，拥有至高无上的权势、享用不尽的荣华富贵，但他并不快乐。他可以主宰自己的臣民，却难以操控自己的情绪，种种莫名其妙的焦虑和忧郁不时让他闷闷不乐、寝食难安。

于是，他召来了当时最负盛名的智者苏菲，要求他找出一句人间最有哲理的箴言，而且这句浓缩了人生智慧的话必须有一语惊心之效，能让人胜不骄、败不馁，得意而不忘形、失意而不伤神，始终保持一颗平常心。苏菲答应了国王，条件是国王将佩戴的那枚戒指交给他。

几天后，苏菲将戒指还给了国王，并再三劝告他："不到万不得已，别轻易取出戒指上镶嵌的宝石，否则，它就不灵验了。"

没过多久，邻国大举入侵，国王率部拼死抵抗，但最终整个城邦沦陷于敌手，于是，国王四处亡命。

有一天，为逃避敌兵的搜捕，他藏身在河边的茅草丛中，当他掬水解渴，猛然看到自己的倒影时，不禁伤心欲绝——谁能相信如今这个蓬头垢面、衣衫褴褛的人，就是那个曾经器宇轩昂、威风凛凛的国王呢？

就在他双手掩面欲投河轻生之际，他想到了戒指。他急切地抠下了上面的宝石，只见宝石里侧镌刻着一句话——这也会过去！

顿时，国王的心头重新燃起希望的火花。从此，他忍辱负重、卧薪尝胆，重招旧部并东山再起，最终赶走了外敌，赢回了王国。

而当他再一次返回王宫后，所做的第一件事便是将“这也会过去”这句五字箴言，镌刻在象征王位的宝座上。

后来，他被誉为最有智慧的国王而名垂青史。据说，在临终之际，他特意留下遗嘱：死后，双手空空地露出灵柩之外，以此向世人昭示那句五字箴言。

人生感悟

普希金说，一切都是暂时的，转瞬即逝……因此，在我们身处顺境时，要学会惜福与感恩；身处逆境时，要学会坚忍和等待，要相信逆境只是暂时的。告诉自己：“这也会过去，一切都会过去。”

在困境中，要相信一切都能应付过去

辛·吉尼普的父亲病重的时候已经60岁了，仗着他曾经是全州的拳击冠军，有着硬朗的身子，才一直挺了过来。

那天，吃罢晚饭，父亲把全家人召到病榻前。他一阵接一阵地咳嗽，脸色苍白。他艰难地扫了每个人一眼，缓缓地说：“那是在一次全州冠军对抗赛上，对手是个人高马大的黑人拳击手，而我个子矮小，一次次被对方击倒，牙齿也出血了。休息时，教练鼓励我说：‘辛，你不痛，你能挺到第十二局！’我也说：‘不痛，我能应付过去！’我感到自己的身子像一块石头、像一块钢板，对手的拳头击打在我身上发出空洞的声音。跌倒了又爬起来，爬起来又被击倒了，但我终于熬到了第十二局。对手战栗了，我开始了反攻，我是用我的意志在击打，长拳、勾拳，又一记重拳，我的血同他的血混在一起。眼前有无数个影子在晃，我对准中间的那一个狠命地打去……他倒下了，而我终于挺过来了。哦，那是我唯一的一枚金牌。”

说话间，父亲又咳嗽起来，额头的汗珠滚滚而下。他紧握着吉尼普的手，苦涩地一笑：“不要紧，才一点点痛，我能应付过去。”

第二天，父亲就因咯血去世了。那段日子，正碰上全美经济危机，吉尼普和妻子都先后失业了，经济拮据。父亲又患上了肺结核，因为没有钱，请不来大夫医治，只好一直拖到死。

父亲死后，家里境况更加艰难。吉尼普和妻子天天跑出去找工作，晚上回来，总是面对面地摇头，但他们不气馁，互相鼓励说：“不要紧，我们会应付过去的。”

后来，吉尼普和妻子都重新找到了工作。当他们坐在餐桌旁静静地吃着晚餐的时候，他们总要想到父亲，想到父亲的那句话：“我能应付过去。”

人生感悟

当我们感到生活艰苦难耐的时候，要咬牙坚持，学会在困境中对自己说：“一切都会好起来的！我能应付过去！”那么，一切都会过去，一切都会好起来。

调整心态，走出困境

失意，是一面镜子，能照见人的污浊；失意，也是一副清醒剂，是一条鞭子，可以使你在抽打中清醒。

失意，会使你冷静地反思自责，正视自己的缺点和弱项，努力克服不足，以求一搏；失意，会使人细细品味人生，反复咀嚼人生甘苦，培养自身悟性，不断完善自己；失意，不是一束鲜花，而是一丛荆棘，鲜花虽令人怡情，但常使人失去警惕，荆棘虽叫人心悸，却使人头脑清醒。

美国从事个性分析的专家罗伯特·菲利浦有一次在办公室接待了一个因自己开办的企业倒闭、负债累累、离开妻女的流浪者。那人进门打招呼说："我来这儿，是想见见这本书的作者。"说着，他从口袋中拿出一本名为《自信心》的书，那是罗伯特许多年前写的。流浪者继续说："一定是命运之神在昨天下午把这本书放入我的口袋中的，因为我当时决定跳到密西根湖，了此残生。我已经看破一切，认为一切已经绝望，所有的人已经抛弃了我，但还好，我看到了这本书，使我产生新的看法，为我带来了勇气及希望，并支持我度过昨天晚上。我已下定决心，只要我能见到这本书的作者，他一定能协助我再度站起来。现在，我来了，我想知道你能替我这样的人做些什么。"

在他说话的时候，罗伯特从头到脚打量流浪者，发现他茫然的眼神、沮丧的皱纹、十来天未刮的胡须以及紧张的神态，这一切都显

示，他已经无可救药了。但罗伯特不忍心对他这样说。因此，请他坐下，要他把他的故事完完整整地说出来。

听完流浪汉的故事，罗伯特想了想，说："虽然我没有办法帮助你，但如果你愿意的话，我可以介绍你去见本大楼的一个人，他可以帮助你赚回你所损失的钱，并且协助你东山再起。"罗伯特刚说完，流浪汉立刻跳了起来，抓住他的手，说道："看在上天的份儿上，请带我去见这个人。"

他会为了"上天的份儿上"而做此要求，显示他心中仍然存在着一丝希望。所以，罗伯特拉着他的手，引导他来到从事个性分析的心理试验室里，和他一起站在一块窗帘布之前。罗伯特把窗帘布拉开，露出一面高大的镜子，罗伯特指着镜子里的流浪汉说："就是这个人。在这世界上，只有一个人能够使你东山再起，除非你坐下来，彻底认识这个人——当作你从前并未认识他——否则，你只能跳密西根湖，因为在你对这个人做充分的认识之前，对于你自己或这个世界来说，你都将是一个没有任何价值的废物。"

他朝着镜子走了几步，用手摸摸他长满胡须的脸孔，对着镜子里的人从头到脚打量了几分钟，然后后退几步，低下头，开始哭泣起来。过了一会儿，罗伯特领他走到电梯间，送他离去。

几天后，罗伯特在街上碰到了这个人，他不再是一个流浪汉形象，他西装革履，步伐轻快有力，头抬得高高的，原来那种衰老、不安、紧张的姿态已经消失不见。他说，他感谢罗伯特先生，让他找回了自己，并很快找到了工作。

后来，那个人真的东山再起，成为芝加哥的富翁。

人生感悟

面对失意，不能丧志，要重新调整自己的心态和情绪，调整人生的坐标和航线，重新寻找和把握机会，找到自己的位置，发出自己的光芒。

你是第一，因为每个人都是独一无二的

基安勒很小的时候便随母亲从意大利来到了美国，在汽车城底特律度过了悲惨的童年，痛苦和自卑成为他的不良印痕。

他那碌碌无为的父亲告诉他："认命吧，你将一事无成。"这个说法令他沮丧，他老是想着自己苦闷的前程。

有一天，母亲告诉他："世界上没有谁跟你一样，你是独一无二的。"

从此，他燃起了希望之火，他认定他是第一，没人比得上他。自信奠定了成功的基础。

他第一次去应聘时，这家公司的秘书要他的名片，他递上一张黑桃 A。结果立刻得到面试的机会。经理问他："你是黑桃 A？"

"是的。"他说。

"为什么是黑桃 A？"

“因为 A 代表第一，而我刚好是第一。”

这样，他被录用了。

想知道后来的基安勒吗？他成功了，真的成了世界第一。他一年推销了 1425 辆车，创造了吉尼斯纪录。

基安勒每天临睡前都要重复几遍说：“我是第一。”然后才入睡。这种鼓舞性的暗示坚定了他的信心和勇气，使他的个性得到了有力的强化。

人生感悟

自信是一种鼓舞性的暗示，它能坚定一个人的信心和勇气，并使其个性得到有力的强化。在这个世界上，我们每个人都是独一无二的，所以，我们应该始终告诉自己：“我是第一。”

不放弃最后一次希望，往往会出现转机

美国海关没收了一批脚踏车，在公告后决定拍卖。在拍卖会现场，每次叫价的时候，总有一个 10 岁出头的男孩喊价，他总是以 5 美元开始出价，然后眼睁睁地看着脚踏车被别人用 30 美元、40 美元买去。拍卖暂停休息时，拍卖员问那小男孩为什么不

出较高的价格来买。男孩说，他只有 5 美元。

拍卖会又开始了，那男孩还是给每辆脚踏车相同的价钱，然后被别人用较高的价钱买去。后来聚集的观众开始注意到那个总是首先出价的男孩，他们也开始察觉到会有什么结果。直到最后一刻，拍卖会要结束了。这时，只剩一辆最棒的脚踏车，车身光亮如新，有多种排档、十段杆式变速器、双向手煞车、速度显示器和一套夜间电动灯光装置。

拍卖员问："有谁出价呢？"

这时，站在最前面，而几乎已经放弃希望的那个小男孩轻声地再说一次："5 美元。"拍卖会停止唱价，只是停下来站在那里。

这时，所有在场的人全部盯住这位小男孩，没有人出声，没有人举手，也没有人喊价。直到拍卖员唱价 3 次后，他大声说："这辆脚踏车卖给这位穿短裤白球鞋的小男孩！"

此话一出，全场鼓掌。那小男孩拿出握在手中仅有的5美元，买了那辆毫无疑问是世上最漂亮的脚踏车时，他脸上流露出从未见过的灿烂笑容。

人生感悟

我们的生命中，除了要有胜过别人、压过别人、超越别人的信心之外，我们更应该抱持着不肯放弃最后一丝希望的决心。这不但可以赢得别人的同情和敬佩，也会赢得成功。

即使在最绝望的时候，也要再努力一次

如果你参观过开罗博物馆，你会看到从图坦·卡蒙法老王墓挖出的宝藏，令人目不暇接。庞大建筑物的第二层楼大部分放的都是灿烂夺目的宝藏：黄金、珍贵的珠宝、饰品、大理石容器、战车、象牙与黄金棺木，巧夺天工的工艺至今仍无人能及。

如果不是霍华德·卡特决定再多挖一天，这些不可思议的宝藏也许仍在地下不见天日。

1922 年的冬天，卡特几乎放弃了寻找年轻法老王坟墓的希望，他的赞助者也即将取消赞助。卡特在自传中写道：

“这将是我们待在山谷中的最后一季，我们已经挖掘了整整6季了，春去秋来毫无所获。我们一鼓作气工作了好几个月却没有发现什么，只有挖掘者才能体会这种彻底的绝望感；我们几乎已经认定自己被打败了，正准备离开山谷到别的地方去碰碰运气。然而，要不是我们最后垂死的一锤努力，我们永远也不会发现这远超出我们梦想所及的宝藏。”

霍华德·卡特最后垂死的努力成了全世界的头条新闻，他发现了近代唯一的一个完整出土的法老王坟墓。

人生感悟

最浪费时间的一件事就是及早放弃。人们经常在做了90%的工作后，放弃了最后可以让他们成功的10%。这不但输掉了开始的投资，更丧失了经由最后的努力而发现宝藏的喜悦。即使在最绝望的时候，也要再努力一次。

把受到的打击，变成上进的原动力

司退里16岁的时候，在一家五金商号里做店员，这正是他所希望的一个职位。他的前途是光明远大的，他努力工作，努力学习，盼望着做一个成功的五金店销售员。

司退里以为自己是上进的，但是其经理却看法不同：“我不想用你了，你是绝不会做生意的，你到塞强铸造厂去做一个工人吧。你那种蛮力，除了做这种工作之外，没有什么别的用途。”

这简直是对一个年轻人的侮辱，司退里受了很大的打击，显然他被打倒了。他的首次冲刺失败了，但是他重整旗鼓，决心要得到胜利。

“你可以辞退我，但是你不能削弱我的志气，”他对那残酷的经理反抗说，“有一天如果我还活着的话，我也要开一个像这样的大的五金店。”

司退里的话并不是一种气愤的发泄。第一次的失败驱使他不停地努力，一直到他成为全国最大的五金制品商之一。

后来有人评价说：“如果没有受到那次打击，恐怕司退里永远是一个平庸的销售员而已。在受到打击之前，他一直很有自信心，他以为自己的工作是很好的——这种自满心足以消灭他那种求上进的刺激。他在那个粗鲁的经理那里所受的打击，正是促使他上进的必要原动力。”

人生感悟

当一个人受到打击时，尤其是受到别人对自己自信心的打击时，这种打击可能导致其消沉，也可能激励他奋发向上。所以，如果你想战胜自己，最有效的方法是受一次重的打击。

走出自卑的阴影，每个人都会超越自己

他，从一个仅有二十多万人口的北方小城考进了首都北京的大学。

他一个学期都不敢和同班的女同学说话。

因为上学的第一天，与他邻桌的女同学问他的第一句话就是：“你从哪里来？”而这个问题正是他最忌讳的。因为他认为，出生于小城，就意味着小家子气，没见过世面，肯定被那些来自大城市的同学瞧不起。

所以，第一个学期结束的时候，班里的很多女同学都不认识他！

很长一段时间，自卑的阴影占据着他的心灵。最明显的体现就是每次照相，他都要下意识地戴上一个大墨镜，以掩饰自己的内心。

她，也在北京的一所大学里上学。

她不敢穿裙子，不敢上体育课。她疑心同学们会在暗地里嘲笑她，嫌她肥胖的样子太难看，大部分日子，她都在疑心、自卑中度过。

大学学习快要结束的时候，她差点儿毕不了业，不是因为功课太差，而是因为她不敢参加体育长跑测试！老师说：“只要你跑了，不管多慢，都算你及格。”可她就是不跑，她想跟老师解释，她不是在抗拒，而是因为恐慌，恐惧自己肥胖的身体跑起来一定非常愚笨，一定会遭到同学们的嘲笑。可是，她连给老师解释的勇气也没有，茫然不知所措。她只能傻乎乎地跟着老师走，老师回家做饭去了，她也跟着。最后老师烦了，勉强算她及格。

后来，在一个电视晚会上，她对他说：“要是那时候我们是同学，可能是永远不会说话的两个人。你会认为，人家是北京城里的姑娘，怎么会瞧得起我呢？而我则会想，人家长得那么帅，怎么会瞧得上我呢？”

他，现在是中央电视台著名节目主持人，经常对着全国几亿电视观众侃侃而谈，他主持节目给人印象最深的特点，就是从容自信。

她，现在也是中央电视台著名节目主持人，深受观众喜欢，她是完全依靠才气，而丝毫没有凭借外貌走上中央电视台主持人岗位的。

人生感悟

自卑的心理每个人或多或少都会有一些，因为一个人不可能永远都充满自信，关键的问题是，我们如何走出自卑的阴影。唯有相信自己，才是战胜自卑最有效的方法。战胜了自卑，每个人都会超越自己，从平庸变杰出。

不要轻易相信权威，要相信自己

有一名中文系的学生，苦心撰写了一篇小说，请一位著名的作家点评。可是这位作家正患眼疾，于是学生便将作品读给作家听。

读到最后一个字，学生停顿下来。作家问："结束了吗？"听语气似乎意犹未尽，渴望下文。这一问，煽起学生无比激情，他立刻灵感喷发，马上回答说："没有啊，下部分更精彩。"他以自己都难以置信的构思叙述下去。

到达一个段落后，作家又似乎难以割舍地问这个学生："结束了吗？"

小说一定勾魂摄魄，叫人欲罢不能！学生更兴奋、更激昂，更富于创作激情。他不可遏止地一而再再而三地接续、接续……最后，电话铃声骤然响起，打断了学生的思绪。

电话找作家有急事。作家匆匆准备出门。

"那么，没读完的小说呢？"学生问。

作家回答："其实你的小说早该收笔，在我第一次询问你是否结束的时候，就应该结束。何必画蛇添足？该停则止，看来，你还没能把握情节脉络，尤其是，缺少决断。"

看来，决断是当作家的根本，否则绵延逶迤，拖泥带水，如何打动读者？学生追悔莫及，自认性格过于受外界左右，作品难以把握，恐怕不是当作家的料。

多年以后，这名年轻人遇到另一位非常有名的作家，羞愧地谈及那段往事。谁知这位作家惊呼：“你的反应如此迅捷，思维如此敏锐，编造故事的能力如此强盛，这些正是成为作家的天赋呀！假如能正确运用，你的作品一定能脱颖而出。”

人生感悟

大多数人都很相信权威，其实这是个误区，因为权威并不一定是正确的。在很多时候，正是由于轻信权威而束缚了我们的发展。不要轻易相信权威，要相信自己。只有这样，我们才能有所突破，才能走一条属于自己的路。

在顽强的意志面前，死神也会退步

兰顿先生是一位50岁的人，他得了一种难以治愈的癌症。当时，兰顿先生因为病情的影响，体重大幅下降，瘦得有点吓人，癌细胞的扩散使得他无法进食。

布恩医生告诉兰顿先生，自己将会全力为他诊治，帮助他对抗癌症。同时，每天会将治疗进度详细地告诉他，并清楚讲述医疗小组治疗的情形，及他体内对治疗的反应，使他对自己的病情得以充分了解，并希望他可以很好地配合治疗。

其实，就连布恩医生自己也不相信，癌症可以治愈，更何况兰顿先生这个重症病人。他只好把希望寄托于上帝。

可是结果却完全出乎布恩医生的意料。因为兰顿先生对布恩医生的嘱咐完全配合，使得治疗过程进行得十分顺利。布恩医生看到了希望，开始教兰顿先生运用想象力，想象他体内的细胞大军如何与顽固的癌细胞对抗，并最后战胜癌细胞的情景。

结果两个星期之后，医疗小组果然抑制了癌细胞的破坏性，成功地战胜了癌症。对这个杰出的治疗成果，就连布恩医生也感

到十分惊讶。

“祝贺你，兰顿先生。”布恩医生对他的康复表示祝贺。

“谢谢你，布恩医生，谢谢你对我的治疗，包括你对我说的那句话。”兰顿先生接着说，“当我刚被确诊的时候，感觉这个世界已经对我关闭。我只能躺在床上，等待死神的光临。但是我想起了许多的事情，我还有爱我的家人和朋友，我的小孙女才会喊我爷爷……所以我不能死，我要活着。”

“很高兴你能这么想，只有留恋这个世界，你才可以得到无穷的力量。”布恩医生说。

“是的，这个力量真是巨大啊！连死神都可以战胜。我一定会把这个秘诀告诉更多的人。”兰顿先生激动地说。

如此成功的疗效，来源于布恩医生运用的心理疗法。他说：“事实上，你可以运用心灵的力量，来影响你的生或死。甚至，如果你选择活下去，你还可以决定要什么样的生命品质。对于癌症病人来说，克服对疾病的恐惧很难，活着的愿望给了他生活着的希望，就需要不停地鼓励自己。最后，他成功了。”

人生感悟

依靠顽强的意志，我们可以完成很多看起来不可能完成的事。强烈的希望就是一种顽强的意志，在这种顽强意志的作用下，我们不但可以克服许多难以想象的困难，甚至连死神都会退步。

第五章

如果现在不折腾，以后只能给别人点赞

生活本无章可循，体验人生百味，不是偶然，是必须。那就试着去拼搏，真正的拼搏，让你的才华为你开山劈路，遇水搭桥，实力爆棚的人生才配得上“精彩”二字。总说生活平淡无奇，其实是你不敢尝试惊喜，能被拉下马的不是苦难人生，而是你从头开始的勇气。

只有去行动了，才会知道有什么样的结果

朗特丝已经沮丧到了不想起床的地步。她精力不济，自从胖了 50 磅以来，每天要睡 16 ~ 18 小时。就在这时，收音机里的一则广告引起了她的兴趣。由于朗特丝的治疗师说过她不可能好转，因此实在很难相信她会对健康俱乐部的广告感到有兴趣。更令人惊讶的是，她竟然摇摇晃晃地跑到那里一探究竟。这是她的第一步。若不是这一步，也不会有以下的故事了。

俱乐部推广人员及会员既友善又生气蓬勃，他们显然很喜欢目前从事的工作。朗特丝加入俱乐部后，就展开了运动课程。经过一段时间，她的感觉及精神大幅度地转变，于是她说服俱乐部给她一份推广的工作。

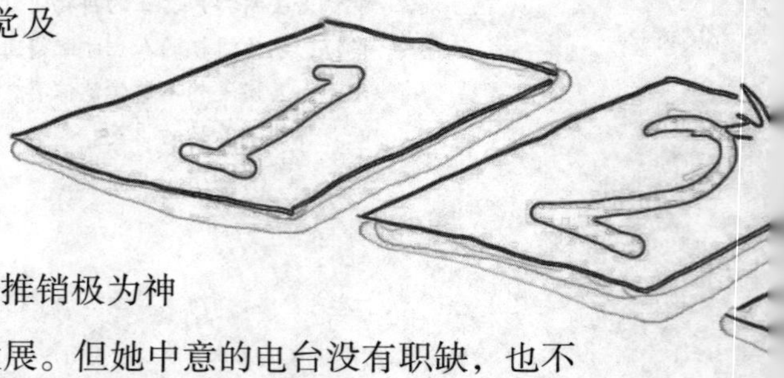

朗特丝向来对广播推销极为神往，有意朝这个方向发展。但她中意的电台没有职缺，也不愿给她面试机会。她没有放弃，只是死守在总经理办公室门前，直到他答应让她面试为止。看到她显露出来的信心、决

心、毅力及冲劲，经理终于点头，答应雇用她。

接下来是她的人生转折点：她跌断了腿，几个月之内都得上石膏、拄拐杖，但她并没有停下来。12 天后，她又回到电台，并雇了一名司机载她到各指定地点去。由于上下车对她实在很不方便，她开始利用电话进行推销和接订单，结果业绩竟大幅度地上升。

由于朗特丝一个人的业绩比其他四名推销员的总和还高，于是同事们开始向她讨教。朗特丝向来不吝与人分享资讯，因此便将自己的方法传授给其他推销员。

没多久，销售部经理辞职，大家便向上级请求，由朗特丝接任经理一职。朗特丝获新职后，兢兢业业，不仅每天召开销售会议，还保持自己的业绩。虽然电台销售仅占市场的 2%，但他们每个月的营业额仍由 4 万美元上升至 10 万美元，全年下来，共累积达 27 万美元！广播电台的狄斯耐频道总经理，听说这个电台听众最少，业绩却名列前茅，便邀请朗特丝到其他城市主持研讨会。不管她到哪里，成果都相当显著，因为一旦有了凝聚信心的动机，再配合顾客至上的销售技巧，生意自然蒸蒸日上。

由于研讨会的成果斐然，狄斯耐连锁电台因此聘请朗特丝，担任整个连锁线的销售部副总。“全国广播协会”也邀请她到全国大会对2000名听众发表一场演讲。虽然朗特丝从未有过演讲的经验，但她对自己及所学的技巧，都具有无比的信念。她战战兢兢地准备演讲稿，想象自己说话的样子，在心里想着听众对她演讲报以热烈回响的情景。每演练完一次，她就给自己来个起立鼓掌（极有力的意象营造法）。

那一天终于到来。她准备了一大堆演讲稿，一切准备就绪。但是当她踏上讲台，炫目的灯光却使她很难看清演讲稿。于是她走下讲台，依照心中的感想发表演说。听众如痴如醉，不断以掌声打断她，并起立向她致敬，景象与她心里所想象的完全一致。演讲完毕后，她立即受邀前往全国18个城市开办研讨会。

如今，朗特丝已是全国知名的演说家、作家，也是她自己的公司——朗特丝推销与激励公司的董事长。她比以往更快乐、更健康、更富裕，也更稳定。她的朋友增多了，心态平和安宁，家庭关系融洽，对未来更是充满了希望。

人生感悟

行动就像是火种，一旦点着了，就会燃烧起熊熊大火，一发而不可收。只要我们行动，就会有一扇门为我们开启；如果我们不迈开人生的那一步，那么，属于我们的那扇门就永远是关着的。

如果你认为自己的主意很好，就去试一试

迈克尔·戴尔总喜欢这样说："如果你认为自己的主意很好，就去试一试！"

当迈克尔·戴尔进入得克萨斯大学的时候，像大多数大一学生那样，他需要自己想办法赚零用钱。那时候，大学里人人都谈论个人电脑，但由于售价太高，许多人买不起。一般人所想要的，是能满足他们的需要而又售价低廉的电脑，但市场上没有。

戴尔心想："经销商的经营成本并不高，为什么要让他们赚那么丰厚的利润？为什么不由制造商直接卖给用户呢？"戴尔知道，IBM公司规定经销商每月必须提取一定数额的个人电脑，而多数经销商都无法把货全部卖掉。如果存货积压太多，经销商损失会很大。于是，他按成本价购买经销商的存货，然后在

宿舍里加装配件，改进性能。这些经过改良的电脑十分受欢迎。戴尔见市场的需求巨大，于是在当地刊登广告，以零售价的八五折推出经他改装过的电脑。不久，许多商业机构、医生诊所和律师事务所都成了他的顾客。

有一次戴尔放假回家时，他的父母担心他的学习成绩。“如果你想创业，等你获得学位之后再说吧。”戴尔答应了，可是一回到学校，他就觉得如果听父母的话，就是在放弃一个一生难遇的机会。“我认为我绝不能错过这个机会。”一个月后，他又开始销售电脑，每月赚 5 万多美元。

戴尔坦白地告诉父母：“我决定退学，自己开办公司。”

“你的目标到底是什么？”父亲问道。

“和 IBM 公司竞争？”

他的父母觉得他太好高骛远了。但无论他们怎样劝说，戴尔始终坚持己见。终于，他们达成了协议：他可以在暑假时试办一家电脑公司，如果办得不成功，到 9 月他就回学校去读书。

戴尔回到学校后，拿出全部储蓄创办戴尔电脑公司。他以每月续约一次的方式租了一个只有一间房的办事处，雇用了第一位雇员，是一名 28 岁的经理，负责处理财务和行政工作。在广告方面，他在一只空盒子底上画了戴尔电脑公司第一个广告的草图。他的一位朋友按草图重绘后拿到报馆去刊登。戴尔仍然专门直销经他改装的 IBM 公司的个人电脑。第一个月营业额达到 18 万美元，第二个月 26.5 万美元，不到一年，他便每月售出个人电脑1000台。于是，戴尔毅然地走出了学校，开创自己的事业。

当迈克尔·戴尔的其他同学大学毕业的时候，他的公司每年营业额已达7000万美元。

人生感悟

一个人要做一件事，常常缺乏的是迈出第一步的勇气。但如果你鼓足勇气开始做了就会发现，做一件事最大的障碍，往往是来自自己的内心，更主要是缺乏行动的勇气。有勇气开了头，再往下做就会有顺理成章的事情发生。

每个年龄都是最好的

几岁是生命中最好的年龄呢?

电视节目中，主持人拿这个问题问了很多的人。一个小女孩说:“两个月，因为你会被抱着走，你会得到很多的爱与照顾。”

另一个小孩回答:“3岁，因为不用去上学。你可以做几乎所有想做的事，也可以不停地玩耍。”

一个少年说:“18岁，因为你高中毕业了，你可以开车去任何想去的地方。”

一个女孩说:“16岁，因为可以穿耳洞。”

一个男人回答说:“25岁，因为你有较多的活力。”这个男人

43 岁。他说自己现在越来越没有体力走上坡路了。他 15 岁时，通常午夜才上床睡觉，但现在晚上 9 点一到便昏昏欲睡了。

一个 3 岁的小女孩说生命中最好的年龄是 29 岁。因为你可以躺在屋子里的任何地方，虚度所有的时间。有人问她："你妈妈多少岁？"她回答说："29 岁。"

有人认为 40 岁是最好的年龄，因为这时是生活与精力的最高峰。

一个女士回答说 45 岁，因为你已经尽完了抚养子女的义务，可以享受含饴弄孙之乐了。

一个男人说 65 岁，因为可以开始享受退休生活。

最后一个接受访问的是一位老太太，她说："每个年龄都是最好的，享受你现在的年龄吧。"

只有你现在的年龄是最真实的，不要回避今天的真实与琐碎，走好脚下的路，唱出心底的歌，把头顶的阳光编织成五彩的云裳，遮挡凌空而至的风霜雨雪。每一天都向人们敞开，让花朵与微笑回归你疲惫的心灵，让欢乐成为今天的中心。如果有荆棘阻挡你匆匆的脚步，那也是今天最真实的生活。

迎接今天的最佳姿势就是站立，用你的手拂去昨天的狂热与沉寂，用你的手推开明天的迷雾与霞辉，用你的手握住今天的沉重与轻松。把迎风而舞的好心情留在今天，把若隐若现的阴影也留给今天。

享受你现在的年龄吧，让生命感知生活的无边快乐。

人生感悟

每个年龄都是最好的。但在现实生活中，我们常常认为自己所处的年龄是最糟的。史威福说：“没有人活在现在，大家都活着为其他时间做准备。”要么是回忆过去的美好时光，要么为了将来苦思冥想、疲于奔命，独独忘了要把握现在，活在现在。

很多时候，好运气也是靠自己的努力得来的

经济萧条时期，钱很难赚。一位有孝心的小男孩，实在看不下去父母起早贪黑地工作却仍然无法解决整个家庭的温饱，所以偷偷溜到大街上想找个工作。他的运气还算不错，真的有一家商铺想招一个小店员。小男孩就跑去试试。结果，跟他一样，共有7个小男孩都想在这里碰碰运气。

店主说：“你们都非常棒，但遗憾的是我只能要你们其中的一个。我们不如来个小小的比赛，谁最终胜出了，谁就留下来。”

这样的方式不但公平，而且有趣，小家伙们当然都同意。

店主说：“我在这里立一根细钢管，在距钢管2米的地方画一条线，你们都站在线外面，然后用小玻璃球投掷钢管，每人10次机会，谁掷准的次数多，谁就胜。”

结果天黑前谁也没有掷准一次，店主只好决定明天继续比赛。

第二天，只来了 3 个小男孩。店主说：“恭喜你们，你们已经成功地淘汰了 4 个竞争对手。现在比赛将在你们 3 个人中间进行，规则不变，祝你们好运。”

前两个小男孩很快掷完了，其中一个还掷准了一次钢管。

轮到这位有孝心的小男孩了。他不慌不忙走到线跟前，瞅准立在 2 米外的钢管，将玻璃球一颗一颗地投掷出去。

他一共掷准了 7 下。

店主和另两个小男孩十分惊诧：这种几乎完全靠运气的游戏，好运气为什么会一连在他头上降临 7 次？

店主说：“恭喜你，小伙子，最后的胜者当然是你。可是你能告诉我，你胜出的诀窍是什么吗？”小男孩眨了眨眼睛说：“这比赛是完全靠运气的。为了赢得这运气，昨天我一晚上没睡觉，我一直在练习投掷。”

人生感悟

一个人的好运气并不是上天赐予的，而是靠自己的努力赢来的。只要你肯付出，你就会有所收获；只要你比别人更努力，好运气自然也就会降临。

生活是最好的老师，它会教给我们所需的知识

2002年10月27日，卢拉当选巴西第四十任总统，这位工人出身的劳工党候选人，只读过五年小学。许多传记作家都想揭开卢拉的成功之谜，但卢拉从没安排过与此有关的采访。

后来，卢拉总统前往一个名叫卡巴的小镇视察，该镇的小学请他带领学生上一节早读课，由于邀请他的那个班有一位盲童，卢拉总统欣然同意。

卢拉总统领读的是一篇题为《我的第一任老师》的课文。读完后，盲童怯怯地问了这么一个问题："总统，您的第一任老师是谁？"卢拉总统沉思了片刻，讲了这么一个故事：像你们这么大的时候，我放学回家。在准备开门的时候，钥匙找不到了。返回学校去找，没有；去问同学，同学也都没见到。当时我父母不在家，要星期天才能回来。怎么办呢？我找来一枚别针，想钩开那把锁，可弄不开。于是我转到房子的后面，想从窗户爬进去，可窗户是从里面关死的，不砸坏玻璃就无法进去。就在我准备爬上房顶，从天窗里跳进去的时候，邻居博尔巴先生看到了我。

"你想干什么，小伙子？""我的钥匙丢了，我无法从门里进

去。”我说。“你就不能想点办法吗？”他问。“我已经想尽了所有的办法。”我回答。“你没有想尽所有的办法，至少你没有请求我的帮助。”说着，他从口袋里掏出钥匙，把门打开了。

当时，我一下愣住了。原来，我妈妈在他家留了一把我家的钥匙。你如果问我，谁是我的第一任老师，我认为是博尔巴先生。

从此，卢拉总统的故事就传开了，也许不会再有人对一个只有小学文化的人当选总统感到惊奇了。

人生感悟

生活是我们最好的老师。即使一个人没有读过多少书，不懂得什么高深的文化知识，但只要用心去生活，遇到问题想尽办法去解决，并能及时总结经验和教训。那么，他一样可以成为一个见多识广的人。

贵在持之以恒

开学第一天，苏格拉底对学生们说：“今天咱们只学一件最简单也是最容易的事。每人把胳膊尽量往前甩，然后再尽量往后甩。”说着，苏格拉底示范了一遍。“从今天开始，每天做300下。大家能做到吗？”

学生们都笑了。这么简单的事，有什么做不到的？过了一个月，苏格拉底问学生们:“每天甩手 300 下，哪些同学在坚持着？”有 90% 的同学骄傲地举起了手。又过了一个月，苏格拉底又问，这回，坚持下来的学生只剩下八成。

一年过后，苏格拉底再一次问大家:“请告诉我，最简单的甩手运动，还有哪几位同学坚持了？”这时，整个教室里，只有一人举起了手。这个学生就是后来成为古希腊另一位大哲学家的柏拉图。

世间最容易的事常常也是最难做的事，最难的事也是最容易做的事。说它容易，是因为只要愿意做，人人都能做到；说它难，是因为真正能做到并持之以恒的，终究只是极少数人。

半途而废者经常会说“那已足够了”“这不值”“事情可能会变坏”“这样做毫无意义”。而能够持之以恒者会说“做到最好”“尽全力”“再坚持一下”。

龟兔赛跑的故事也告诉我们，竞赛的胜利者之所以是笨拙的乌龟而不是灵巧的兔子，这与兔子在竞争中缺乏坚持不懈的精神是分不开的。

人生感悟

巨大的成功靠的不是力量而是韧性，竞争常常是持久力的竞争。有恒心者往往是笑到最后、笑得最好的胜利者。

三思而后言

一个人急急忙忙地跑到一位哲学家那儿，说："我有个消息要告诉你……"

"等一等，"哲学家打断了他的话，"你要告诉我的消息，用三个筛子筛过了吗？"

"三个筛子？哪三个筛子？"那个人不解地问。

"三个筛子。第一个叫真实。你要告诉我的消息，是真实的吗？""不知道，我是从街上听来的……"

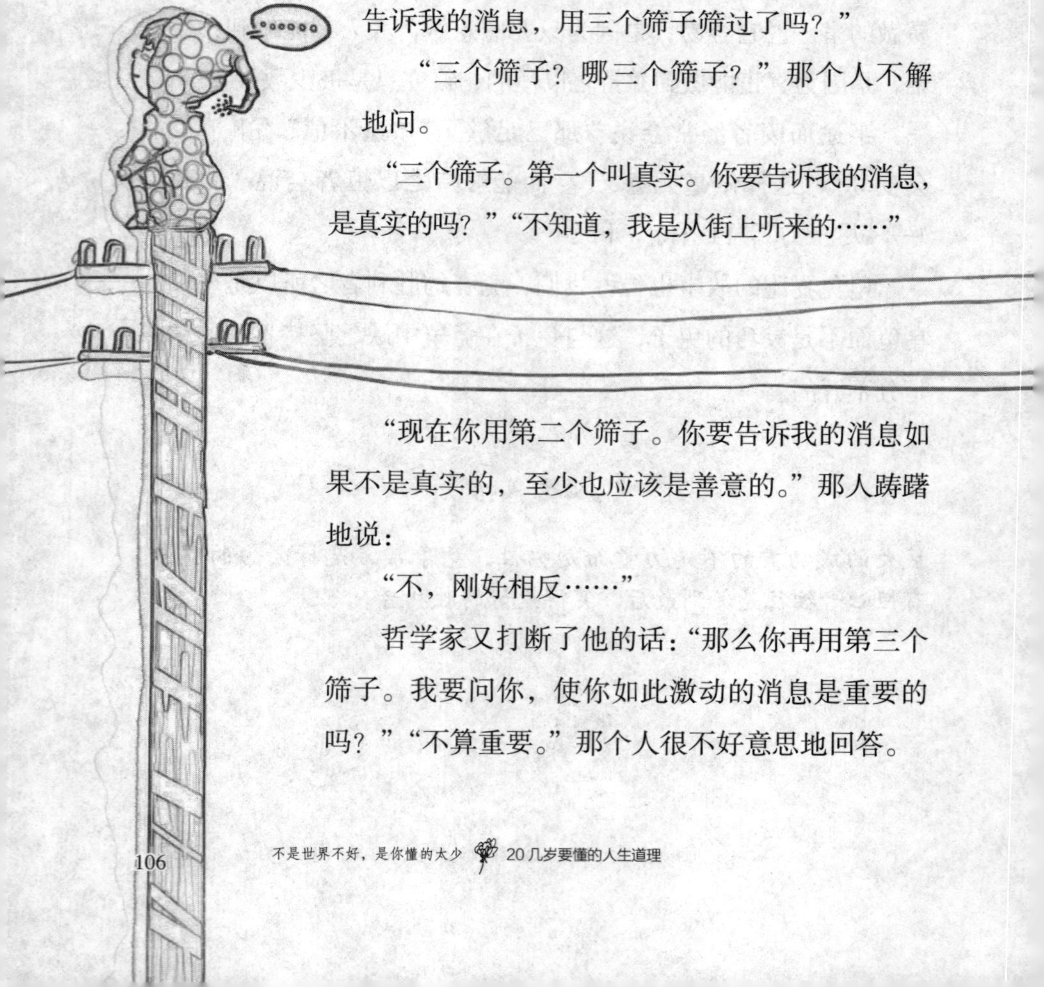

"现在你用第二个筛子。你要告诉我的消息如果不是真实的，至少也应该是善意的。"那人踌躇地说：

"不，刚好相反……"

哲学家又打断了他的话："那么你再用第三个筛子。我要问你，使你如此激动的消息是重要的吗？""不算重要。"那个人很不好意思地回答。

哲学家说："既然你要告诉我的事，既不真实，也非善意，更不是重要的，那么就别说了吧！如此，那个消息就不会干扰你和我了。"

人生感悟

如果不能够堂堂正正、诚实善良，却整天搬弄是非，为一些鸡毛蒜皮的小事喋喋不休，这种人不是小人就必定是一个庸人。

在生活中，难免会碰上爱传闲话的小人，最好的办法就是阻止他说下去，这样既能躲开是非，又能避免自己受到闲言碎语的伤害，如果你因为闲言碎语而暴跳如雷，倒恰中唯恐天下不乱者的奸计。

"静坐常思己过，闲谈莫论人非"，这是一种修养，更是一种品质。

贪心猛于虎

从前，有两个朋友看到一位哲学家从丛林中惊慌失措地跑过来。他们问他为什么这样惊恐不安。哲学家说："在那片丛林中，我看到一个吃人的东西。""你是不是说有一只老虎？"两个人不安地问道。"不，"哲学家说，"要比老虎厉害得多，我在挖一些药草时挖出来一堆金子。"

"在哪儿？"两个人赶忙问道。

"就在那片丛林中。"说完，哲学家就走了。

两个朋友立即跑到哲学家所指的地方，果然发现有一些金子。

“那个哲学家多蠢啊！”一个人对另一个人说，“竟把这贵如生命的黄金说成吃人的东西！”

另一个人说：“让我们想想怎么办吧。在光天化日之下，现在就把它拿回村里是不安全的，必须在夜里悄悄拿回家去。我们留一人在这看着财宝，另一个回家去拿饭来吃吧。”

当一个人去拿饭时，留下来的一个想道：太遗憾了，今天要是我一个人来多好。现在我还得把这些黄金分给朋友一半，这样谁也不会分得多少了，我有一大家子人，需要得到全部黄金。只要他一来，我就用刀子把他捅死。

同时，另一个也在想：我干吗要把黄金分给他一半呢？我负债累累，一点积蓄都没有，我不能分给他一半。我先吃饱饭，然后就在饭里放上毒药，给他带去，他一吃就死了。想好之后，他带着饭，来到发现财宝的地方。他刚一到那里，另一个人冷不防地给了他一刀，当即结果了他的性命。行凶后，凶手对朋友的尸体说道：“可怜的朋友，是一半黄金送了你的性命。现在，我该吃饭了。真饿得我够呛。”他端起有毒的饭吃了下去。半小时后，他也一命呜呼了。他在临死的时候说：“哲学家的话多么对呀！”

人生感悟

金钱猛于虎，比猛虎更厉害的是人的贪心。贪婪往往使人疯狂，使人利令智昏，失去理性，以至互相残杀，最终被贪心所害。放下贪婪，会让自己活得轻松、坦然。

第六章

委婉是一种力量

俗话说："直道跑好马，曲径可通幽。"在与他人交谈的时候，如果能委婉地表达，看似轻描淡写，却能道出问题的实质，如此则妙不可言，可使我们谈话的效果更佳。委婉含蓄地表达，比直截了当地说更能体现人的语言修养。

同一语句或动作，可以作不同的解释

从前，有一个算命的道士，对占卜吉凶、推衍因果很有一套。当地许多人有事的时候，都去他那里求签问卜，算上一卦。

有一次，有三个书生进京赶考，路过此地，听说那道士算命非常灵验，便一同前去算命道士那里，虔诚地向道士说："我们三个此番进京赶考，烦道长算一算谁能考中？"

那道士眼都没睁，嘴里煞有介事地念叨了一会儿，向他们伸出一个手指，但却只字未说。三个考生莫名其妙，一个考生又着急地问道："我们三人谁能考中？"那道士还是一言不发，依旧伸出一只手指，算是回答。三个考生见道士迟迟不肯开口讲话，以为是天机不可泄露，只好心怀疑虑地走了。

三个考生走后，道士身边的小童好奇地问："师父，他们三人到底有几个得中？"

道士胸有成竹地说："中几个都说到了。"

道童说："你这一个指头是什么意思？是一个中？"

道士说："对。"

道童还是有些不解，又问："要是他们中间有两个人中了呢？"

道士答道：“那就是有一个不中。”

道童说：“他们三人要是都中了呢？”

道士说：“那就是一齐中。”

道童又问：“要是三人都没考中呢？”

道士说：“这个指头就是一个也没中。”

小道童这才恍然大悟。

人生感悟

在某种特定的情形下，同一语句或动作常常可以表达不同的意思、不同的判断。因此，可以根据当时某种需要作不同的解释。

用含蓄的语言，把意思委婉地表达出来

巴甫洛夫是俄国杰出的生理学家，他 32 岁才结婚。如同他杰出的研究成果一样，他的求婚也别具一格。

1880 年最后一天，巴甫洛夫还在他的生理实验室没回家，许多同学在他家等他。天下着雪，彼得堡市议会大厦的钟敲了 11 下。一个同学不耐烦地说：“巴甫洛夫真是个怪人。他毕业了，又得过金牌，照理可以挂牌做医生，那样既赚钱、又省力。可他为

什么要进生理实验室当实验员呢？他应该知道，人生在世，时日不多，应该享享福、寻找快活才是呀。”

巴甫洛夫的同学里面，有一个教育系的女学生叫赛拉非玛。她听了那个同学的话，站起来说：“你不了解他。不错，人的生命是短促的，但正因为如此，巴甫洛夫才努力工作。他经常说，在世界上，我们只活一次，所以更应该珍惜光阴，过真实而又有价值的生活。”

夜深了，同学们渐渐散去，赛拉非玛干脆到实验室门口去等巴甫洛夫。

钟声响了 12 下，已经是 1881 年元旦了，巴甫洛夫才从实验室出来。他看到赛拉非玛，很受感动，挽着她的手走在雪地上。突然，巴甫洛夫按着赛拉非玛的脉搏，高兴地说：“你有一颗健康的心脏，所以脉搏跳得很快。”

赛拉非玛奇怪了:“你这是什么意思?”

巴甫洛夫回答:“要是心脏不好，就不能做科学家的妻子了。因为一个科学家把所有的时间和精力都放在科研工作上，收入又少，又没空兼顾家务。所以，做科学家的妻子一定要有健康的身体，才能够吃苦耐劳、不怕麻烦地独自料理琐碎的家务。”

赛拉非玛当即会意，说:“你说得很好，我一定做个好妻子。”

就这样，他求婚成功了。在这一年，他们结婚了。

人生感悟

在日常生活中，有些话直接说出来会很尴尬，还可能会遭到对方的拒绝。在这种情形下，不妨用含蓄的语言，间接地把意思委婉地表达出来。这样不但会显得很幽默，而且往往容易达到目的。

倾听让你受欢迎

韦恩是罗宾见到的最受欢迎的人士之一。他总能受到邀请，经常有人请他参加聚会、共进午餐、担任客座发言人、打高尔夫球或网球。

一天晚上，罗宾碰巧到一个朋友家参加一个小型社交活动。他发现韦恩和一个漂亮女士坐在一个角落里。出于好奇，罗宾远远地注意了一段时间。罗宾发现那位年轻女士一直在说，而韦恩好像一句话也没说。他只是有时笑一笑，点一点头，仅此而已。几小时后，他们起身，谢过男女主人，走了。

第二天，罗宾见到韦恩时禁不住问道：

“昨天晚上我在斯旺森家看见你和最迷人的女孩在一起。她好像完全被你吸引住了。你怎么抓住她的注意力的？”

“很简单。”韦恩说，“斯旺森太太把乔安介绍给我，我只对她说：‘你的皮肤晒得真漂亮，在冬季也这么漂亮，是怎么做的？你去哪呢？阿卡普尔科还是夏威夷？’

“‘夏威夷。’她说，‘夏威夷永远都风景如画。’

“‘你能把一切都告诉我吗？’我说。‘当然。’她回答。我们就找了个安静的角落，接下来的两个小时她一直在谈夏威夷。

“今天早晨乔安打电话给我，说她很喜欢我陪她。她说很想再见到我，因为我是最有意思的谈伴。但说实话，我整个晚上没说几句话。”

看出韦恩受欢迎的秘诀了吗？很简单，韦恩只是让乔安谈自己。他对每个人都这样——对他人说："请告诉我这一切。"这足以让一般人激动好几个小时。人们喜欢韦恩就因为他注意他们。

人生感悟

让他人谈自己，一心一意地倾听，要有耐心，要抱有一种开阔的心胸，还要表现出你的真诚，那么无论走到哪里，你都会大受欢迎。

如果不能直接说服，就换种方式委婉地说服

1939年10月11日，萨克斯向美国总统罗斯福面呈了爱因斯坦等科学家的一封长信，信上提醒罗斯福总统注意纳粹德国把核裂变理论用于军事目的的危险，建议美国抢在德国之前研究原子能武器。

开始，罗斯福总统看不懂那艰深生涩的科学论述的信件，反应十分冷淡，婉言推却了。后来，萨克斯利用第二天总统请他共进早餐的机会，给罗斯福讲了一个拿破仑的故事。

英法战争期间，在欧洲大陆不可一世的拿破仑，在海上却屡战屡败。这时，一位美国年轻的发明家富尔顿向拿破仑建议将法国的战船砍掉桅杆，撤去风帆，装上蒸汽机，把木板换成钢板。

可是拿破仑却想，船没有风帆能走吗？木板换成钢板，船能不沉没？拿破仑眉头一皱，把富尔顿轰了出去。历史学家在评论这一历史时认为，如果拿破仑稍动一下脑筋，郑重考虑一下富尔顿的建议，19 世纪的历史就得重写。

罗斯福听后沉默了几分钟，然后取出拿破仑时候的法国白兰地，斟满了杯子，递给萨克斯说："你胜利了。"

人生感悟

在日常生活和工作中，说服别人是我们经常要做的事。在说服别人时，如果不能直接说服，不妨换种方式委婉地说服。例如，可以讲相关的故事，可以借助第三者的力量，可以用激将法，等等。

同一意思换种说法，就会有不同的结果

1840 年 2 月，英国维多利亚女王和撒克斯·科巴格·戈萨公爵的儿子阿尔巴特结婚。

他俩同年出生，又是表亲。虽然阿尔巴特对政治不感兴趣，但在女王潜移默化的影响下，阿尔巴特也渐渐地关心起国事来，

终于成了女王的得力助手。

有一天，俩人为一件小事吵嘴，阿尔巴特一气之下跑进卧室，紧闭房门。

女王理事完毕，很是疲惫，急于进房休息，怎奈阿尔巴特余怒未消，故意漫不经心地问："谁？"

"英国女王。"

屋里寂静无声，房门紧闭如故。维多利亚女王耐着性子又敲了敲门。

"谁？"

"维多利亚！"女王威严地说。

房门仍旧未开。维多利亚徘徊半晌，又再敲门。

"谁？"阿尔巴特又问。

"我是您的妻子，阿尔巴特。"女王温柔地答道。

门立刻开了，丈夫双手把她拉了进去。这次，女王不仅敲开了门，也敲开了丈夫的心扉。

人生感悟

语言是门奇妙的艺术，同样表达一个意思，但换种说法就会有不同的结果，原因在于有些词虽有相同的意思，但所表达的感情色彩不一样。所以，在运用语言时，要尽量选择最能表达感情色彩的词来表达意愿。

先就事论事，再进一步引申出主题

著名经济学家大卫·李嘉图 9 岁时，有一次，父母带他去商店。他在一家商场的橱窗里看到一双带皮毛的皮鞋非常漂亮，非常喜欢，于是吵着要父母买下。母亲同意了，但是父亲一直不同意，他认为那双鞋不适合孩子穿。

李嘉图哭闹着执意要买，最后父亲同意了，但要他承诺，买了必须穿。

买了以后，李嘉图发现是一双木鞋，走起路来嗒嗒响，非常不舒服，确实不适合长时间穿。为了满足自己的虚荣心，却受了很多罪。到了这时候，他才知道父亲不让买的原因。

那时候，为了摆脱这双鞋子，李嘉图愿意付出一切代价。

善良的父亲再也没有逼李嘉图穿这双鞋，但李嘉图没有原谅自己。他把那双鞋挂在自己房间容易看到的地方，让它时时提醒自己再也不要任性，不要贪图虚荣。

再来看下面的这个故事。

一个犹太父亲带儿子去澡堂洗澡。当儿子艾什卡站在淋浴头下打开阀门时，冷水一冲而下，艾什卡不由得大叫："哎呀，爸爸，太冷了！"

父亲赶紧把艾什卡拖过来，帮他披上厚厚的毛巾被。

“啊，太舒服了，爸爸！”艾什卡愉快地叫着，身了蜷缩在毛巾被里。

“艾什卡，”父亲做出深思的样子对儿子说道，“你知道冷水浴和犯罪之间的距离吗？”

“当受到冷水冲击的时候，你发出的第一个声音是惊叫声‘哎呀’，暖和后才是舒服的‘啊’。但当你犯罪的时候，你的第一个反应是兴奋的‘啊’，然后一定是‘哎呀’了。”

父亲并没有直接告诉孩子不要犯罪，而是用冷水浴比喻犯罪，告诉孩子一开始犯罪时，其感觉是兴奋的“啊”，然后会是后悔而吃惊的“哎呀”，从而启发孩子不要犯罪。

人生感悟

教育孩子应从很小就开始。教育子女的方法非常重要，方法得当可以收到事半功倍的效果。寓教于乐是教育孩子的一种好方法，当孩子遇到类似事件时，先就事论事，然后再进一步引申出主题，既形象又直观，这样很容易在孩子的心灵中留下深刻印象。

善意的谎言，有时也很美丽

她，年轻美丽，身边有很多的追求者。他，是一个很普通的人。他和她相识在一个晚会上，晚会结束时，他邀请她一块儿去喝咖啡，出于礼貌，她答应了。

坐在咖啡馆里，两个人之间的气氛很是尴尬，没有什么话题，她只想尽快结束，好回去。但是当小姐把咖啡端上来的时候，他却突然说："麻烦你拿点盐过来，我喝咖啡习惯放点儿盐。"当时，她愣了，小姐也愣了，大家的目光都集中到了他身上，以至于他的脸都红了。

小姐把盐拿过来，他放了点儿进去，慢慢地喝着。她是个好奇心很重的女子，于是很好奇地问他："你为什么要加盐呢？"他沉默了一会儿，很慢地几乎是一字一顿地说："小时候，我家住在海边，我老是在海水里泡着，海浪打过来，海水涌进嘴里，又苦又咸。现在，很久没回家了，咖啡里加点儿盐，能让我想起那种家的感觉，可以把距离拉近一点儿。"

她突然被打动了，因为，这是她第一次听到男人在她面前说想家，她认为，想家的男人必定是顾家的男人，而顾家的男人必定是爱家的男人。她忽然有一种倾诉欲望，跟他说起了她远在千里之外的故乡，冷冰冰的气氛渐渐变得融洽起来。两个人聊了很久，并且，她没有拒绝他送她回家。

再以后，两个人频繁地约会，她发现他实际上是一个很好的男人，大度、细心、体贴，具备她欣赏的所有优秀男人应该具有的特点。她暗自庆幸，幸亏当时的礼貌，才没有和他擦肩而过。她和他去遍了城里的每家咖啡馆，每次都是她说："请拿些盐来好吗？我的朋友喜欢在咖啡里加点儿盐。"

再后来，就像童话书里所写的一样，"王子和公主结婚了，从此过着幸福的生活”。他们确实过得很幸福，而且一过就是四十多年，直到他得病去世。

他在临终前写给她一封信：“原谅我一直都欺骗了你。还记得第一次请你喝咖啡吗？当时气氛差极了，我很难受，也很紧张，不知怎么想，竟然对小姐说拿些盐来，其实我不想加盐的，但当时既然说出来了，只好将错就错了。没想到竟然引起了你的好奇心，这一小小的举动，让我喝了半辈子加盐的咖啡。有好多次，我都想告诉你，可我怕你会生气，更怕你会因此离开我。现在我终于不怕了，因为我就要死了，死人总是很容易被原谅的，对不对？今生，得到你是我最大的幸福，如果有来生，我还希望能娶到你，只是，我可不想再喝加盐的咖啡了！”

她看完信后泪流满面。她多想告诉他，虽然他欺骗了她，但她并不生他的气，她觉得她是幸福的，因为有人为了她，能够欺骗一生一世。

人生感悟

善意的谎言是美丽的，是可以谅解的。当有人对我们说谎后，我们在感觉受骗的同时，最好想一想他为什么要说谎，我们或许就会谅解他，并因此而感动。

把本来不幸的事，用含蓄的方式表达出来

在徐佩上学前班的时候，有一天她的母亲和父亲整整坐了一夜，也说了一夜的话，也许是一些话对她并不重要或是因为徐佩太小没有记住，但有一句父亲说的话她记住了：“你走吧，由我来向佩佩解释。”这意味着母亲要走了。

徐佩的母亲走了好几天了，徐佩每天都在等着爸爸所谓的解释，也许他把他说的话忘了，仍跟以前一样接送徐佩上学，给徐佩在学前班的家长手册上认真填写她学会的新字，听到的新的故事以及纠正徐佩左手写字、画画的进展情况。这些在徐佩的其他同学家里都是由母亲来做的事情，在她家里却一直都是由父亲来做的。每当徐佩的奶奶看到这些，就叹气说徐佩的母亲“心早就不在了”时，徐佩的父亲就会用眼神制止奶奶，好像在隐瞒什么，但徐佩并不追问，徐佩相信总有一天父亲会向她解释的。

徐佩的母亲走了快一星期了，又是一个晚上，徐佩的父亲合起给徐佩读的故事书，又压了压徐佩本来已经压得

很好的被角，好像又要给徐佩讲故事一样地说：“你一定听过很多天使的故事。”

徐佩的父亲停了停又继续说：“每一个天使飞到一个地方，发现那里有人冷了，有人饿了，有人在受苦，有人需要她的帮助了，她就会留下来当差，做他们的父母兄弟，如果一切都很好的话，不当差的天使就会放心地飞走，继续去找需要她帮助的人。如果世界上的爸爸妈妈就是天使，是专门飞来照顾孩子的，陪孩子一同好好长大的话，那咱们家里，有爸爸一个人就能照顾好佩佩，所以，妈妈才放心地把佩佩留给爸爸，妈妈去了一个叫澳大利亚的很远的地方，就像不当差的天使一样……”

徐佩当时也很小，但她听明白了这是怎么一回事，那就是妈妈离开了。

这也是徐佩在以后的生活中听到过的父母在孩子面前对“离婚”做出的最美、最好、最阳光灿烂的解释。

人生感悟

在向别人解释一些问题，尤其是像离婚、死亡等问题时，如果直接说出口，往往会伤害到别人。这时，不妨换个说法，把本来不幸的事用含蓄的方式表达出来，往往会收到很好的效果。

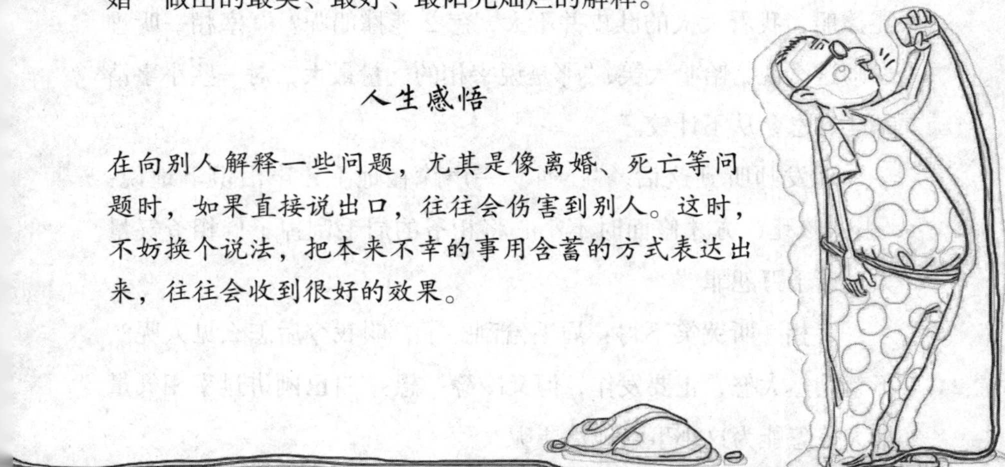

人人都有度量，盛赞之下无怒气

从前，有一个宰相请一个理发师理发。理发师给宰相理发时过分紧张，不小心把宰相的眉毛给刮掉了。他顿时惊恐万分，深知宰相必然会怪罪下来，那可吃不了兜着走呀！他不禁暗暗叫苦。

理发师是个常在江湖上行走的人，深知人的一般心理：盛赞之下无怒气。于是他情急生智，连忙停下剃刀，故意两眼直愣愣地看着宰相的肚皮，仿佛要把宰相的五脏六腑看个透似的。

宰相见他这模样，感到莫名其妙，迷惑不解地问道："你不修面，却光看我的肚皮，这是为什么呢？"

理发师装出一副傻乎乎的样子解释说："人们常说，宰相肚里能撑船，我看大人的肚皮并不大，怎么能撑船呢？"宰相一听理发师这么说，哈哈大笑："那是说宰相的气量最大，对一些小事情都能容忍，从不计较。"

理发师听到这话，"扑通"一声跪在地上，声泪俱下地说："小的该死，方才修面时不小心将相爷的眉毛刮掉了！相爷气量大，请千万恕罪。"

宰相一听哭笑不得：眉毛给刮掉了，叫我今后怎么见人呢？不禁勃然大怒，正要发作，但又冷静一想："自己刚讲过宰相气量最大，怎能为这小事给他治罪呢？"

于是，宰相便豁达温和地说："算了，你去把笔拿来，把眉毛画上就是了。"

人生感悟

每个人都有一定的度量，都会有宽容之心。但在怒气消前，度量会被掩埋。当做错事的时候，不妨先用赞誉激活对方的度量，然后再承认自己的错误，就会取得对方的谅解。

沉默是金

美国大发明家爱迪生发明了自动发报机之后，他想卖掉这项发明以及制造技术，然后建造一个实验室。因为不熟悉市场行情，不知道能卖多少钱，爱迪生便与夫人米娜商量。米娜也不知道这项技术究竟值多少钱，她一咬牙，发狠心地说："要 2 万美元吧，你想想看，一个实验室建造下来，至少要 2 万美元。"爱迪生笑着说："2 万美元，太多了吧？"米娜见爱迪生一副犹豫不决的样子，说："要不然，你卖时先套商人的口气，让他出个价，再说。"

当时，爱迪生已经是一位小有名气的发明家了。美国一位商人听说这件事，愿意买下爱迪生的自动发报机及发明制造技术。在商谈时，这位商人问到价钱。因为爱迪生一直认为要 2 万美元太高了，不好意思说出口，当时他的夫人米娜上班没有回来，爱迪生甚至想等到米娜回来再说。最后商人终于耐不住了，说:“那我先开个价吧，10万美元，怎么样？”

这个价格非常出乎爱迪生的意料，他心中大喜，当场不假思索地和商人拍板成交。后来爱迪生对他妻子米娜开玩笑说:“没想到沉默了一会儿就赚了8万美元。”

沉默是金。在人生的很多关口，譬如面对一个自我赞扬的环境，面对一个据理力争的争论，面对一个强词夺理的上司等情况时，沉默虽然不会像爱迪生一样创造8万美元的价值，但它同样会让我们看到刹那间的前程和退路，沉默可以给对方和自己都留有余地，沉默甚至可以挽救我们。

人生感悟

沉默是无声的语言，有一种埋藏在深处的震撼力。沉默可以积蓄力量，有力量的人更多的是以沉默的方式表现出来的。

学会适时沉默，除了可以不战而胜之外，还可避免自己成为别人的目标。

沉默是一种气度，只有沉浸其中，才能体会到它的价值。

第七章

奇迹从来不是得到，而是争取

在被我们不屑一顾的细节中，往往潜藏着幸运、成功的因子。做好了细节，你等于抢占了先机。

将每一个细节都做到完美，便是通往成功、幸福的捷径。天才就是注重细节的人，这是他们与凡人的最大区别。

一些看似极微小的事情，却有可能引发重大事件

一只蝴蝶在巴西扇动翅膀，有可能会在美国的得克萨斯引起一场龙卷风。

这就是洛伦兹在 1979 年 12 月华盛顿的美国科学促进会的一次讲演中提出的“蝴蝶效应”。这次演讲和结论给人们留下了极其深刻的印象。从此以后，所谓“蝴蝶效应”之说就不胫而走，名声远扬了。

“蝴蝶效应”之所以令人着迷、令人激动、发人深省，不但在于其大胆的想象力和迷人的美学色彩，更在于其深刻的科学内涵和内在的哲学魅力。

从科学的角度来看，“蝴蝶效应”反映了混沌运动的一个重要特征：系统的长期行为对初始条件的敏感依赖性。

经典动力学的传统

观点认为，系统的长期行为对初始条件是不敏感的，即初始条件的微小变化对未来状态所造成的差别也是很微小的。可混沌理论向传统观点提出了挑战。混沌理论认为在混沌系统中，初始条件的十分微小的变化经过不断放大，对其未来状态会造成极其巨大的差别。有一首在西方流传的民谣对此做了形象的说明，这首民谣说：

丢失一个钉子，坏了一只蹄铁；坏了一只蹄铁，折了一匹战马；

折了一匹战马，伤了一位骑士；伤了一位骑士，输了一场战斗；

输了一场战斗，亡了一个帝国。

马蹄铁上一个钉子是否会丢失，本是初始条件的十分微小的变化，但其“长期”效应却是一个帝国存与亡的根本差别。这就是军事和政治领域中的所谓“蝴蝶效应”。

虽然这有点不可思议，但是确实能够造成这样的恶果。横过深谷的吊桥，常从一根细线拴个小石头开始。

人生感悟

不要瞧不起一些细小的事情，一些看似极微小的事情，却有可能引发重大事件。在日常生活和工作中，一定要防微杜渐，不要让一些看似不起眼的小事毁坏了自己的整个人生。

借力而行

星期六上午，一个小男孩在沙滩上玩耍。他身边有他的一些玩具——小汽车、货车、塑料水桶和一把亮闪闪的塑料铲子。在松软的沙堆上修筑公路和隧道时，他发现一块很大的岩石挡住了去路。

小男孩开始挖掘岩石周围的沙子，企图把它从泥沙中弄出去。他是个很小的孩子，而岩石却相当巨大。手脚并用，他花尽了力气，岩石却纹丝不动。小男孩下定决心，手推、肩挤、左摇右晃，一次又一次地向岩石发起冲击，可是，每当他刚把岩石搬动一点点的时候，岩石便又随着他的稍事休息而重新返回原地。小男孩气得直叫唤，使出吃奶的力气猛推猛挤。但是，他得到的唯一回报便是岩石滚回来时砸伤了他的手指。最后，他筋疲力尽，坐在沙滩上伤心地哭了起来。

这整个过程，他的父亲从不远处看得一清二楚。当泪珠滚过孩子的脸庞时，父亲来到了他的跟前。父亲的话温和而坚定："儿子，你为什么不用上所有的力量呢？"男孩抽泣道："爸爸，我已经用尽全力了，我已经用尽了我所有的力量！""不对，"父亲亲切地纠正道，"儿子，你并没有用尽你所有的力量。你没有请求我的帮助。"说完，父亲弯下腰抱起岩石，将岩石扔到了远处。

人生感悟

人各有短长，你解决不了的问题，对你的朋友或亲人而言或许就是轻而易举的，他们也是你的资源和力量。

“一个好汉三个帮”，要善于待人接物，结交朋友，以便互相提携，互相促进，互相帮助。“钢铁大王”安德鲁·卡内基曾预先写好他自己的墓志铭：“长眠于此地的人懂得在他的事业过程中起用比他自己更优秀的人。”而这，也正是他成功的秘诀之一。善于借助别人的力量，让弱小的自己变得强大，让强大的自己变得更加强大，使自己的成功更持久。

哪怕只是举手之劳，也可能会挽救一个人

一个男孩被绊倒在地，他怀里抱着的很多书、两件运动衫、一个棒球拍、一副手套和一个随身听全都掉在了地上。正在放学回家的路上的马克看到了，于是，马克单膝跪在地上帮他把散落的东西一一捡了起来。

这个男孩叫比尔，正好和马克同路，所以马克帮他拿了一部分东西。在路上，比尔告诉马克他喜欢玩电子游戏、打棒球和历史课，他说其他学科他学得不好。此外，他还告诉马克他刚刚和他女朋友分手。

他们先到达比尔的家。比尔邀请马克进去喝杯可乐，看看电视。那天下午他们在一起谈论，说笑，过得很愉快。从那以后，他们在校园里经常遇到，有时还在一起吃午餐。初中毕业后，他们又在同一所高中上学，在那里他们也有过几次短暂的接触。在他们毕业前3个星期，有一天，比尔问马克他们是否可以谈一谈。

比尔问马克是否还记得数年前他们第一次相遇时的情形。“你有没有想过那天我为什么要带那么多东西回家？”比尔问马克。

马克摇了摇头。

比尔说：“你知道吗，我把我的衣物柜清理了一下，因为我不想把混乱留给别人。我已经从我母亲那儿偷偷拿了一些安眠药攒起来，那天我准备回家后就自杀。但是，在我们一起快乐地交谈和说笑之后，我意识到如果我自己结果了自己的性命，我就不会有那样快乐的时光，以及以后还可能会有的其他很多美好的东西。所以，你瞧，马克，当你那天捡起我的书，你不只是捡起了我的书，你还挽救了我的生命。所以，我想向你道谢！”

人生感悟

很多时候，帮助别人对于自己来说只是举手之劳，而对于别人来说，这不仅仅是一句话，或是一个动作问题，有可能会因此改变他们一生的命运。

看似简单的几句话，常常会挽救或毁灭一个灵魂

李顺宜的女友在南方一所著名的大学中文系读书，授课的老师中有一位五十出头的风度翩翩的男教授。教授不仅学识渊博，而且谈吐幽默风趣，经常到学生们中间和他们谈古说今、纵论文史，成为班里女学子们心中的偶像，许多女生甚至主动接近他，希望能得到他的提携和指点。

女友也是其中一个。一天，她约了两位要好的女同学一块儿去教授家请教几个问题。穿过一条林荫小路，来到了教授居住的一座静谧小院，她们在那青砖灰墙的一幢小楼前停下了脚步。女友伸出手正欲敲门，却发现门是虚掩着的，于是她轻轻地推开，结果看到了令她目瞪口呆的一幕。

教授正在屋内，拥吻着一个女孩子。而那个女孩子是他的学生。

看到她们的意外出现，教授的手像触电一样一下子猛然松开，垂落，脸色霎时间变得惨白。

双方就这么站着，也许仅仅只有几秒钟的时间，却像漫漫的一个世纪，空气死一样沉寂，听得见彼此猛烈的心跳和呼吸。

“我当时的确很震惊，真的，你说我该怎么办？”讲到这里，

女友抬起头来问李顺宜。

装作没看见迅速走掉？干脆走上前去委婉地劝说？报告领导或告诉他的爱人，让他受到惩罚甚至身败名裂？这些念头在李顺宜脑海中迅速一闪而过，教授不是这种人，他也许只是一时糊涂……

还没等李顺宜回答，女友又开始说了，语气缓慢，像是努力回忆当时的情形："教授有一个他所深爱也深爱着他的妻子，他的妻子在同城的另一所高校任教，他们有一个活泼可爱的即将大学毕业的女儿，这是一个幸福而美满的家庭。他们的家庭和教授本人洁身自律的品质，在校内一直有着良好的口碑。"

仅仅是几秒钟的犹豫和停顿后，女友坦然地走了进去，站在教授面前，一脸笑容地说道："教授，我们都是您的学生，您可不能偏心哟，您也吻我一下好吗？"

教授马上清醒过来，他轻轻地拥抱并吻了一下她的额头，那一刻，她看见教授眼里有湿润的东西闪亮。

另外两位女同学也马上会意过来，走到教授身边提出了相同的请求，教授一一应允了她们。

"事情的经过就是这样。"女友的表情显得轻松愉快，"一晃这么多年过去了，教授依然拥有一个美好的家庭和良好的口碑，他更加勤奋地研究和著述，并取得了极为丰硕的成果。我毕业那年，他曾寄给我一张贺卡，上面只有一句话：我永远感激你的善良和智慧，是你拯救了我。

"许多事情就是这样奇妙，挽救或毁灭一个灵魂，常常就是看似简单的那么几句话。"女友最后说道。

人生感悟

语言是一把双刃剑，用好了可以增进人与人之间的沟通与交流，用不好就会伤己伤人。所以，说话时要特别谨慎，因为看似简单的几句话，常常会挽救或毁灭一个灵魂。

一个微不足道的动作，或许就会改变人的一生

美国福特公司名扬天下，不仅使美国汽车产业在世界独占鳌头，而且改变了整个美国的国民经济状况，谁又能想到该奇迹的创造者福特，当初进入公司的“敲门砖”竟是“捡废纸”这个简单的动作？

那时候，福特刚从大学毕业，他到一家汽车公司应聘，一同应聘的几个人学历都比他高，在其他人面试时，福特感到没有希望了。当他敲门走进董事长办公室时，发现门口地上有一张纸，很自然地弯腰把他捡了起来，看了看，原来是一张废纸，就顺手把它扔进了垃圾篓。董事长对这一切都看在眼里。福特刚说了一句话：“我是来应聘的福特。”董事长就发出了邀请：“很好，很好，福特先生，你已经被我们录用了。”这个让福特感到惊异的决定，实际上源于他那个不经意的动作。从此以后，福特开始了

他的辉煌之路，直到把公司改名，让福特汽车闻名全世界。

平安保险公司的一个业务员也有与福特相似的惊喜。

他多次拜访一家公司的总经理，而最终能够签单的原因，仅仅是他在去总经理办公室的路上，随手捡起了地上的一张废纸并扔进了垃圾桶。

总经理对他说："我（透过窗户玻璃）观察了一个上午，看看哪个员工会把废纸捡起来，没有想到是你。"

而在这次面见总经理之前，他还被"晾"了三个多小时，并且有多家同行在竞争这个大客户。

人生感悟

一个人要养成重视小事的习惯，因为从一些小事上能反映出做事的态度。不要忽略一些不起眼的小事或细节，有时正是这些小事或细节决定了一个人的成败。即使是一个微不足道的动作，或许就会改变一个人的一生。

即使是最简单的事情，也要做到最好

野田圣子是一个年轻美丽的日本女孩子，她离开学校后找到的第一份工作，是在帝国酒店当白领丽人。

在酒店受训期间，酒店安排她打扫厕所。从小娇生惯养的她从来没有干过这样的活，在第一次清理马桶的时候，她差一点儿吐出来。

野田圣子明白，要当白领丽人，就必须从最基层的粗活开始干起。她每天强制自己打扫厕所，把马桶擦得干净、光洁，她觉得自己做得很好，应该是无可挑剔了。

可是有一天，一件野田圣子从未料到的事情使她的身心受到了强烈的震撼。

野田圣子打扫干净自己所负责的厕所以后，偶然走进另一间厕所。负责打扫这间厕所的是一个蓝领清洁工，从外表看，野田圣子觉得清洁工打扫的厕所和自己打扫的没有什么两样。但清洁工打扫完厕所以后，从容地从马桶里舀了一杯水，当着野田圣子的面竟然喝了下去。野田圣子看呆了，她简直不敢相信自己的眼睛。然而，这一切都是真的！

清洁工以她的行动表明，她负责打扫的厕所有多么干净，干净到连马桶里的水也可以喝。

心灵受到震撼的野田圣子感到十分惭愧，与清洁工打扫的厕所相比，她打扫的厕所的清洁度还差得远呢。她暗暗对自己说："连厕所也打扫不干净的人，将来是没有资格在社会上承担起重要责任的。如果让自己一辈子打扫厕所，也要做个打扫厕所最出色的人！"

从此，野田圣子打扫厕所异常认真。有一天，在打扫完厕所、洗完马桶以后，她也很坦然地从马桶里舀了一杯水喝了下去。

喝马桶里的水的经历使野田圣子终生难忘，正是这次经历成为她今后为人处世的精神力量，她一步一步地走向成熟、走向成功。

人生感悟

一个人要想有所作为，一定要从小事做起，如果连最简单的事情都做不好，就不可能做好大事，也不可能成就大业。即使是最简单的事情，也要做到最好。只有这样，才能为以后做大事、成大业打下良好的基础。

即使只做了一点小事，也会换来别人的感激之情

石文终于搬进了新居。

送走了最后一批前来祝贺的亲朋好友后，石文与妻子刚要躺在沙发上休息一下，这时门铃又响了。石文在想，这么晚了怎么还会有客人呢？忙起身去开门，打开门一看，门外站着两位不认识的中年男女，看上去像是一对夫妻。石文正在疑惑中，那男子先开口，介绍说："我姓李，是一楼的住户，上来向你们祝贺乔迁之喜。"

原来是邻居啊！石文赶紧往屋里让。

李先生连忙摇头说："不麻烦了，不麻烦了，还有一件事情要

请你们帮忙。”

石文说：“别客气，有什么事情需要我们效劳？”

李先生请求道：“你们以后出入单元防盗门的时候，能不能轻点关门，我们住在一楼，老父亲心脏不太好，受不了重响。”说完，静静地看着石文夫妻俩，眼里流露出一股浓浓的歉意。

石文沉默了片刻，回答说：“当然没问题，只是有时候急了便会顾不上了。既然你父亲受不了惊吓，为什么还要住在一楼？”

李太太忙解释道：“我们其实也不喜欢住一楼，那里既潮湿又脏，但是公公他腿脚不好，而且还有心脏病，心脏病人是要有适度的活动的。”听完后，石文心里顿时一阵感动，便答应以后尽量小心。

李先生一家对石文两口子是千恩万谢，弄得石文夫妻俩也挺不好意思的。在以后的日子里，石文发现他们的单元门与别处的单元门的确不太一样，所有的住户在开关防盗门时，都是轻手轻脚的，绝没有其他单元时不时“咣当”一声巨响。一问，果然都是受李先生所托。

时间过得很快，转眼一年过去了。有一天晚上，李先生夫妻又摁响了石文家的门铃，一见到他们，二话没说，先给石文与妻子深深地鞠了个躬，半晌，头也没抬起来。石文急忙扶起询问。李先生的眼睛红肿，原来昨天晚上，老爷子在医院病故了。在病故之前，老爷子曾对儿子交代过：对大家这些年来对自己的照顾非常地感谢，给各位带了不少的麻烦，要儿子见到年纪大的邻居叩个头，年纪轻的鞠一躬，以此来表示自己对大家的感激。

这时石文用眼睛偷偷一扫，果然在李先生裤子的膝盖处有两块灰迹，想必是给年长的邻居叩头时沾上的。

送走了李先生夫妻，石文感慨地对妻子说道："轻点关门只是举手之劳，居然换来了别人如此大的感激，真是想不到也担不起啊！"

人生感悟

人与人之间并不是相互对立的，而是一种共生共存的关系。我们都应与别人和睦相处，都应互相帮助、互相体谅，多给对方开方便之门。有时，哪怕只是做了一点小事，也会换来别人的感激之情。

不放弃任何一次机会，哪怕只有万分之一的可能性

有一次，甘布士要乘火车去纽约，但事先没有订好车票，这时恰值圣诞前夕，到纽约去度假的人很多，因此火车票很难买到。

甘布士打电话去火车站询问：是否还可以买到这一次的车票？车站的答复是：全部车票都已售光。不过，假如不怕麻烦的

话，可以带着行李到车站碰碰运气，看是否有人临时退票。

车站反复强调了一句，这种机会或许只有万分之一。

甘布士欣然提了行李，赶到车站去，就如同已经买到了车票一样。

夫人关怀备至地问道：“要是你到了车站买不到车票怎么办呢？”

他不以为然地答道：“那没有关系，我就好比拿着行李去散了一趟步。”

甘布士到了车站，等了许久，退票的人仍然没有出现，乘客们都川流不息地向月台涌去了。但甘布士没有像别人那样急于回走，而是耐心地等待着。

大约距开车时间还有5分钟的时候，一个女人匆忙地赶来退票，因为她的女儿病得很严重，她被迫改坐以后的车次。

甘布士买下那张车票，搭上了去纽约的火车。

到了纽约，他在酒店里洗过澡，躺在床上给他太太打了一个长途电话。

在电话里，他轻松地说：“亲爱的，我抓住那只有万分之一的机会了，因为我相信一个不怕吃亏的笨蛋才是真正的聪明人。”

后来，甘布士成了全美举足轻重的商业巨子。

他在一封给青年人的公开信中诚恳地说道：

“亲爱的朋友，我认为你们应该重视那万分之一的机会，因为它将给你带来意想不到的成功。有人说，这种做法是傻子行为，比买奖券的希望还渺茫。这种观点是有失偏颇的，因为开奖券是由别人主持，丝毫不由你主观努力；但这种万分之一的机会，却完全是靠你自己的主观努力去完成。”

人生感悟

有一句俗谚：“通往失败的路上，处处是错失了的机会。坐等幸运从前门进来的人，往往忽略了从后窗进入的机会。”

目标必须是具体的，是可以看得见的

1952年7月4日清晨，加利福尼亚海岸笼罩在浓雾中。在海岸以西21英里的卡塔林纳岛上，一个34岁的女人涉水到太平洋中，开始向加州海岸游过去。要是成功了，她就是第一个游过这个海峡的妇女，这名妇女叫费罗伦丝·查德威克。在此之前，她是从英法两边海岸游过英吉列海峡的第一个妇女。

那天早晨，海水冻得她身体发麻，雾很大，她连护送她的船都几乎看不到。时间一个钟头一个钟头过去，千千万万人在电视上看着。有几次，鲨鱼靠近了她，被人开枪吓跑。她仍然在游，在以往这类渡海游泳中她的最大问题不是疲劳，而是刺骨的海水。

15 个钟头之后，她又累，又冻得发麻。她知道自己不能再游了，就叫人拉她上船。她的母亲和教练在另一条船上。他们都告诉她海岸很近了，叫她不要放弃。但她朝加州海岸望去，除了浓雾什么也看不到。

几十分钟之后——从她出发算起 15 个钟头零 55 分钟之后，人们把她拉上船。又过了几个钟头，她渐渐觉得暖和多了，这时却开始感到失败的打击，她不假思索地对记者说："说实在的，我不是为自己找借口，如果当时我看见陆地，也许我能坚持下来。"

人们拉她上船的地点，离加州海岸只有半英里！后来她说，令她半途而废的不是疲劳，也不是寒冷，而是因为她在浓雾中看不到目标。查德威克一生中就只有这一次没有坚持到底。两个月之后，她成功地游过同一个海峡。她不但是第一位游过卡塔林纳海峡的女性，而且比男子的纪录还快了大约两个钟头。

人生感悟

如果目标不具体，是不可见的，就会陷入迷茫，丧失信心。所以，在确立前进的目标时，这个目标必须是具体的，是可以看得见的。只有这样，才能鼓足干劲，完成有能力完成的任务。

这世上的确有好运，但好运愿意光顾有品格的人

在美国南方的一个州，那里用烧木柴的壁炉来取暖。过去那儿住着一个樵夫，他给某一户人家供应木柴达两年多之久。这位樵夫知道木柴的直径不能大于 18 厘米，否则就不适合那家人特殊的壁炉。

但是，有一次，他给这个老主顾送去的木柴大部分都不符合规定的尺寸。主顾发现这个问题后，就打电话给他，要他调换或者劈开这些不合尺寸的木柴。

“我不能这样做！”这个樵夫说道，“这样所花费的工价就会比全部柴价还要高。”说完，他就把电话挂了。

这个主顾只好亲自来做劈柴的工作。他卷起袖子，开始劳动。大概在这项工作进行了一半时，他注意到一根非常特别的木头，这根木头有一个很大的节疤，节疤明显地被人凿开又堵塞住了。这是什么人干的呢？他掂量了一下这根木头，觉得它很轻，仿佛是空的。他就用斧头把它劈开了，一个发黑的白铁卷掉了出来。他蹲下去，拾起这个白铁卷，把它打开，吃惊地发现里面包有一些很旧的 50 美元和 100 美元两种面额的钞票。他数了数恰

好有 2250 美元。

很明显，这些钞票藏在这个树节里已有许多年了。这个人唯一的想法是使这些钱回到它的真正的主人那里。

他抓起电话听筒，又打电话给那个樵夫，问他从哪里砍了这些木头。

“那是我自己的事。”这个樵夫说，“如果你泄露了你的秘密，别人会欺骗你的。”

这个主顾尽管做了多次努力，还是无法获悉这些木头是从哪里砍来的，也不知道是谁把钱藏在树内。

故事的结局是：因为无法找到失主，这个主顾成了这些钱的主人，而那个樵夫却没有得到一分钱。

人生感悟

不可否认，在这个世界上，的确有好运的存在。每个人都希望好运能光顾自己，殊不知，好运愿意光顾有品格的人。一个没有品格的人，即使好运来临，他也抓不住。

第八章

智慧做人，平和处世

低调是一种智慧，蕴含着成熟与理性，积淀着沉静和豁达，彰显着优雅和洒脱，它是人类个性最高的境界之一；它是看开世事，放平心态，宽容待人，深谙方圆、进退之道的大智慧。低调是一种豁达的人生态度，成熟的人懂得低调，言语谦和，举止内敛，不显山不露水，但却在人际交往中进退自如，并最终成就自己的事业。

给别人留一点面子，为自己留一条退路

三国名将关羽，过五关、斩六将，温酒斩华雄，匹马斩颜良，偏师擒于禁，擂鼓三通斩蔡阳。“百万军中取上将之首级，如探囊取物耳。”

然而，这位叱咤风云、威震三军的一世之雄，下场却很悲惨，居然被吕蒙一个奇袭，兵败地失，被人割了脑袋。

关羽兵败被斩的最根本原因是蜀吴联盟破裂，吴主兴兵奇袭荆州。吴蜀联盟的破裂，原因很复杂，但与关羽其人的骄傲有着密切的关系。

诸葛亮离开荆州之前，曾反复叮嘱关羽，要东联孙吴，北拒曹操。但关羽对这一战略方针的重要性认识不足。他瞧不起东吴，也瞧不起孙权，致使吴蜀关系紧张起来。关羽驻守荆州期间，孙权派诸葛瑾到他那里，替孙权的儿子向关羽的女儿求婚，“求结两家之好”，“并力破曹”。这本来是件好事，以婚姻关系维系补充政治联盟，历史上多有先例。如果放下高傲的架子，认真考虑一番，利用这一良机，进一步巩固蜀吴的联盟，将是很有益处的。但是，关羽竟然狂傲地说：“吾虎女安肯嫁犬子乎？”

不嫁就不嫁嘛，又何必如此出口伤人？试想这话传到孙权那里，孙权的面子如何挂得住？又怎能不使双方关系破裂？

关羽的骄傲，使自己吃了一个大大的苦果，被自己的盟友结束了生命。

我们在哀叹关羽的同时，应该深刻反思自己，要保持头脑清醒，防止忘乎所以，莫让关羽的悲剧在我们身上重演。

人生感悟

俗话说：蚊虫遭扇打，只为嘴伤人。以尖酸刻薄之言讽刺别人，只图自己嘴巴一时痛快，殊不知会引来意想不到的灾祸。人与人之间原本没有那么多的矛盾纠葛，往往只是因为有人逞一时之快，说话不加考虑，只言片语伤害了别人的自尊，让人下不来台，别人心中怎能不燃起一股怒火？有了机会，反咬一口，也是情理之中的事。

你可以不聪慧，但不能没原则

“二战”期间，有一个女孩子，流亡海外，无依无靠。幸运的是，她能讲一口流利的英语和法语。所以，她被英国特工组织看中，加入了英国的特工。

然而她并不适合特工工作，因为她性情急躁，所有的同事都认为，她做间谍无疑是为敌国送上一座秘密的宝矿。果然，几乎所有的训练过程都对她没有用处。

一次，组织上让她拿一份敌国驻军图，送给地下交通员。她到了接头地点后，怎么也想不起接头暗号，情急之下，她索性把地图展开，对着来来往往的人群进行试探："你对这张地图感兴趣吗？"幸运的是，她很快遇上了两位地下交通员，他们扮作精神病人，迅速地掩盖了这个可怕而致命的错误。

不仅如此，她认为越是繁华的地段越是安全。于是，她自作主张，把秘密电台搬到了巴黎的闹市区，可她不知道，盖世太保的总部就在离她一街之远的地方。终于在一天夜里，盖世太保们把这个胆大妄为、正在发报的间谍逮捕了。

英国特工组织后悔不已，如果这个天真的姑娘在盖世太保的刑具下，毫无保留地说出一切，那么对在法国的特工组织将是一个重创。出乎意料的是，盖世太保们用尽了种种残酷的刑罚，都无法撬开她的嘴。

"二战"结束后，英国政府追授她乔治勋章和帝国勋章。

这样一个不称职的间谍，获得了英国政府的最高奖赏。对此，官方的解释是：对敌国而言，梦寐以求的是间谍的背叛，这等于无形的巨大宝藏。但这个很笨的女孩儿，到死都没有吐露一个字。一个人需要技巧和智慧，但最不能缺少的，是原则和信念。这就是一个间谍最本位、最出色的地方，所以我们从没怀疑她是一位优秀的间谍。

她的名字叫努尔，曾是一位印度王族的娇贵女儿。

人生感悟

原则是一个人做人的底线，无论遇到何种刁难与困境，有些原则必须坚守。

因为，你一旦放弃原则，就不再是你，甚至会使自己全线崩溃。

人生总有不如意，落井下石要不得

“患难之交才是真朋友”，这话大家都不陌生。晋代有一个人叫荀巨伯，有一次去探望朋友，正逢朋友卧病在床，这时恰好敌军攻破城池，烧杀掳掠，百姓纷纷携妻挈子，四散逃难。朋友劝荀巨伯：“我病得很重，走不动，活不了几天了，你自己赶快逃命去吧！”

荀巨伯却不肯走，他说：“你把我看成什么人了，我远道而来，就是为了来看你。现在，敌军进城，你又病着，我怎么能扔下你不管呢！”说完便转身给朋友熬药去了。

朋友百般苦求，叫他快走，荀巨伯却端药倒水安慰他说：“你就安心养病吧，不要管我，天塌下来我替你顶着！”

这时“砰”的一声，门被踢开了，几个凶神恶煞的士兵冲进来，冲着他喝道：“你是什么人？如此大胆，全城人都跑光了，你为什么不跑？”荀巨伯指着躺在床上的朋友说：“我的朋友病得很重，我不能丢下他独自逃命。”并正气凛然地说：“请你们别惊吓着我的朋友，有事找我好了。即使要我替朋友而死，我也绝不皱眉头！”敌军一听愣了，听着荀巨伯的慷慨言语，看看荀巨伯的无畏态度，很是感动，说：“想不到这里的人如此高尚，怎么好意思侵害他们呢。走吧！”说着，敌军撤走了。患难时体现出的正义能产生如此巨大的威力，不能不令人惊叹。

人的一生不可能一帆风顺，难免会碰到失利受挫或面临困境的情况，这时候最需要的就是别人的帮助，这种雪中送炭般的帮助会让人记忆一生。

德皇威廉一世在第一次世界大战结束时，可算得上是全世界最可怜的一个人，众叛亲离。他只好逃到荷兰去保命，许多人对他恨之入骨。可是在这时候，有个小男孩写了一封简短但流露真情的信，表达他对德皇的敬仰。这个小男孩在信中说，不管别人怎么想，他还是永远尊敬德皇。德皇深深为这封信所感动，于是邀请他到皇宫来。这个小男孩接受了邀请，由他母亲带着一同前往，他的母亲后来嫁给了德皇。

人生感悟

乘人之危、落井下石必定是内心卑鄙、阴险之人才做的事，君子对人不因他人得意而谄媚，也不因他人失意而轻慢。

弯曲是生存的哲学，大丈夫要能屈能伸

孟买佛学院是印度最著名的佛学院之一，这所佛学院的特点是建院历史悠久，拥有灿烂辉煌的建筑，还培养出了许多著名的学者。还有一个特点是其他佛学院所没有的，这是一个极其微小的细节。但是，所有进入过这里的人，当他再出来的时候，几乎无一例外地承认，正是这个细节使他们顿悟，正是这个细节让他们受益无穷。

这是一个很简单的细节，只是人们都没有在意：孟买佛学院在它的正门一侧，又开了一个小门，这个小门只有 1.5 米高、0.4 米宽，一个成年人要想过去必须弯腰侧身，不然就只能碰壁了。

这正是孟买佛学院给它的学生上的第一堂课。所有新来的人，教师都会引导他到这个小门旁，让他进出一次。很显然，所有的人都是弯腰侧身进出的，尽管有失礼仪和风度，但是却达到了目的。教师说，大门当然出入方便，而且能够让一个人很体面很有风度地出入。但是，有很多时候，人们要出入的地方，并不是都有着壮观的大门，或者，有大门也不是随便可以出入的。这个时候，只有学会了弯腰和侧身的人，只有暂时放下尊贵和虚荣的人，才能够出入。否则，有很多时候，你就只能被挡在院墙之外了。

孟买佛学院的教师告诉他们的学生，佛家的哲学就在这个小门里。其实，人生的哲学何尝不在这个小门里。人生之路，尤其是通向成功的路上，几乎是没有宽阔的大门的，所有的门都需要弯腰侧身才可以进去。

人生感悟

太刚易折，这是千古不变的真理。大丈夫在世必须要能屈能伸，一个不成熟的男人想为他所从事的事业光荣献身；一个成熟的男人则希望能为他所从事的职业“苟且”地活着。

小聪明可得一时之快，大智慧方可一世欢畅

战国时楚王的宠臣安陵君，能说会道，很受楚王器重。但他并不遇事张口就说，而是很讲究说话的时机。他有一位朋友名叫江乙，对他说：“您没有一寸土地，又没有至亲骨肉，然而身居高位，享受优厚的俸禄，国人见了您，无不整衣跪拜，无不接受您的号令，为您效劳，这是为什么呢？”

安陵君说：“这是大王太抬举我了，不然哪能这样！”

江乙便不无忧虑地指出：“用钱财相交的人，钱财一旦用尽，

交情也就断了；靠美色相交的人，色衰则情移。因此，狐媚的女子不等卧席磨破，就遭遗弃；得宠的臣子不等车子坐坏，已被驱逐。如今您掌握楚国大权，却没有办法和大王深交，我暗自替您着急，觉得您的处境太危险了。”

安陵君一听，恍然大悟，毕恭毕敬地拜问江乙：“既然这样，请先生指点迷津。”

江乙说：“希望您一定要找个机会对大王说：‘愿随大王一起死，以身为大王殉葬。’如果您这样说了，必能长久地保住权位。”

安陵君说：“谨依先生之言。”

但是，过了很长时间，安陵君依然没有对楚王提起这话。江乙又去见安陵君，说：“我对您说的那些话，您为何至今不对楚王说？既然您不用我的计谋，我就再不管了。”

安陵君答道：“我怎敢忘却先生的教诲，只是一时还没有合适的机会。”

又过了些时日，机会终于来了。楚王到云梦打猎，一箭射死了一头狂怒奔来的野牛。百官和护卫欢声雷动，齐声称赞。楚王也高兴得仰天大笑，说：“痛快啊！今天的游猎，寡人何等快活！待寡人万岁千秋之后，你们谁能和我共有今天的快乐呢？”

此时，安陵君抓住机会，泪流满面地走上前来，说：“臣进宫就与大王同共一席，出宫与大王同乘一车，如果大王万岁千秋之后，我愿随大王奔赴黄泉，变作芦草为大王阻挡蝼蚁，那便是臣最大的荣幸。”

楚王闻言，大受感动，对他更加宠信了。

人生感悟

做人要有高瞻远瞩的长远眼光，不要因为眼前的一时之宠就得意忘形，也不要为了时下的一点失利就一蹶不振。小聪明是翻不起大浪花的，大智慧才可保你一世成功。

不要为了讨好别人而改变自己

20世纪80年代，有位名叫安德森的模特公司经纪人，看中了一位身穿廉价服装、不拘小节、不施脂粉的大一女生。

这位女生来自美国伊利诺伊州一个蓝领家庭，唇边长了一颗触目惊心的大黑痣。她从没看过时装杂志，没化过妆，要与她谈论时尚等话题，好比是对牛弹琴。

每年夏天，她就跟随朋友一起，在德卡柏的玉米地里剥玉米穗，以赚取来年的学费。安德森偏偏要将这位还带着田野玉米气息的女生介绍给经纪公司，结果遭到一次次的拒绝。有的说她粗野，有的说她恶煞，理由纷纭杂沓，归根结底是那颗唇边的大黑痣。安德森却下了决心，要把女生及黑痣捆绑着推销出去。他给女生做了一张合成照片，小心翼翼地把大黑痣隐藏在阴影里，然后拿着这张照片给客户看，客户果然满意，马上要见真人。真人一来，客户就发现“货不对版”，当即指着女生的黑痣说：“你给我把这颗痣拿下来。”

激光除痣其实很简单，无痛且省时，女生却说："对不起，我就是不拿。"安德森有种奇怪的预感，他坚定不移地对女生说："你千万不要摘下这颗痣，将来你出名了，全世界就靠着这颗痣来识别你。"

果然这女生几年后红极一时，日入2万美元，成为天后级人物，她就是名模辛迪·克劳馥。她的长相被誉为"超凡入圣"，她的嘴唇被称作芳唇，芳唇边赫然入目的是那颗今天被视为性感象征的桀骜不驯的大黑痣。正如安德森所说，痣，成了她的标志。人们将她与玛丽莲·梦露相提并论。痣，不再是她的瑕疵；痣，正是辛迪的个性所在。她成为少男少女心中的偶像，她是少女们描绘未来的楷模。

有一天，媒体竟然盛赞辛迪有前瞻性眼光。辛迪回顾从前，一次次倒抽凉气，成名路上多艰辛，幸好遇上"保痣人士"安德森。如果她摘了那颗痣，就是一个通俗的美人，顶多拍几次廉价的广告，就会淹没在繁花似锦的美女阵营里面。暑期到来，可能还要站在玉米地里继续剥玉米穗，与虫子、蜗牛为伍，以赚取来年的学费。

人生感悟

一个人，即使驾着的是一只脆弱的小舟，但只要舵掌握在他的手中，他就不会任凭波涛的摆布，而有自己选择方向的主见。

做事可以失败，做人一定要成功

有一位出名的老锁匠一生修锁无数，技艺高超，收费合理，深受人们敬重。更主要的是老锁匠为人正直，每修一把锁他都告诉别人他的姓名和地址，说："如果你家发生了盗窃，只要是用钥匙打开家门的，你就来找我！"

老锁匠老了，为了不让他的技艺失传，人们帮他物色徒弟。终于，老锁匠找到了两个合适的年轻人，准备把自己一身的本领传给其中一个。

一段时间以后，两个年轻人都学会了不少东西。但两个人中只有一个能得到真传，老锁匠决定对他们进行一次考试。

老锁匠准备了两个保险柜，分别放在两个房间，让两个徒弟去打开，谁花的时间短谁就是胜者。结果大徒弟用了不到 10 分钟，就打开了保险柜，而二徒弟却足足用了半小时，大家都以为是大徒弟赢了。老锁匠问大徒弟："保险柜里有什么？"大徒弟眼中放出了光亮："师傅，里面有很多钱，全是百元大钞。"老锁匠问二徒弟同样的问题，二徒弟支吾了半天说："师傅，我没看见里面有什么，您只让我打开锁，我就打开了锁。"

老锁匠十分高兴，郑重宣布二徒弟为他的正式接班人。大徒弟不服，众人不解，老锁匠微微一笑说："不管干哪一个行业都要讲究一个‘信’字，尤其是我们这一行，要有更高的职业道德。我的传人会是一个技艺高超的锁匠，但他必须做到心中只有锁而无其他。否则，心有私念，稍有贪心，登门入室或打开保险柜取钱易如反掌，最终只能害人害己。我们修锁的人，每个人心上都要有一把不能打开的锁。”

人生感悟

做人做事永远本着“不在其位，不谋其政”的原则，这就要求我们永远只做自己该做的。

遇事多思考，切莫被眼前的景象打乱阵脚

曾国藩带湘军围剿太平天国之时，清廷对其是一种极为复杂的态度：不用这个人吧，太平天国声势浩大，无人能敌；用吧，一则是此人手握重兵，二则曾国藩的湘军是曾一手建立的子弟兵，又怕对朝廷形成威胁。在这种思想下，对曾国藩的任用经常是用你办事，不给高位实权。苦恼的曾国藩急需朝中重臣为自己撑腰说话，以消除清廷的疑虑。

一日，曾国藩在军中得到胡林翼转来的肃顺的密函，得知这位

精明干练的顾命大臣在西太后面前荐自己出任两江总督。曾国藩大喜过望，咸丰帝刚去世，太子年幼，顾命大臣虽说有数人之多，但实际上是肃顺独揽权柄，有他为自己说话，再好不过了。

曾国藩提笔想给肃顺写封信表示感谢。但写了几句，他就停下了。他知道肃顺为人刚愎自用，很有些目空一切的味道，用今天的话来说，就是有才气也有脾气。他又想起西太后，这个女人现在虽没有什么动静，但绝非常人，以曾国藩多年的阅人经验来看，西太后心志极高，且权力欲强，又极富心机。肃顺这种专权的做法能持续多久呢？西太后会同肃顺合得来吗？

思前想后，曾国藩没有写这封信。后来，肃顺被西太后抄家问斩。在众多官员讨好肃顺的信件中，独无曾国藩的只言片语。

人生感悟

关键时刻要多思考，以免日后为自己添麻烦。

友谊要经得起磨难

春秋时鲍叔牙和管仲是好朋友，二人相知很深。

他们俩曾经合伙做生意，一样地出资出力，分利的时候，管仲总要多拿一些。别人都为鲍叔牙鸣不平，鲍叔牙却说，管仲不是贪财，只是他家里穷。

管仲几次帮鲍叔牙办事都没办好，三次做官都被撤职，别人都说管仲没有才干，鲍叔牙又出来替管仲说话："这绝不是管仲没有才干，只是他没有碰上施展才能的机会而已。"

更有甚者，管仲曾三次被拉去当兵参加战争而三次逃跑，人们讥笑地说他贪生怕死。鲍叔牙再次直言：管仲不是贪生怕死之辈，只是他家里有老母亲需要奉养！

后来，鲍叔牙当了齐国公子小白的谋士，管仲却为齐国另一个公子纠效力。两位公子在回国继承王位的争夺战中，管仲曾驱车拦截小白，引弓射箭，正中小白的腰带，小白弯腰装死，骗过管仲，日夜驱车抢先赶回国内，继承了王位，称为齐桓公。公子纠失败被杀，管仲也成了阶下囚。

齐桓公登位后，要拜鲍叔牙为相，并欲杀管仲报一箭之仇。鲍叔牙坚辞相国之位，并指出管仲之才远胜于己，力劝齐桓公不计前嫌，用管仲为相。齐桓公于是重用管仲，果然如鲍叔牙所言，管仲的才华逐渐施展出来，终使齐桓公成为春秋五霸之一。

人生感悟

千百年来，“管鲍之交”一直被誉为交友的最高境界，所谓春秋霸业早已是过眼云烟，但鲍叔牙宽阔无私的胸怀、对朋友的了解信任却永久地被人称道。

友情，本身是至善的约束，历经劫难而益显圣洁。

总之，经得起磨难的友谊才是真正的友谊。

帮助他人，也要讲究方法策略

有一家卖布丁的商店，每年到圣诞节的时候就将许多美味布丁摆放成一排。你可以选择最适合你口味的布丁，他们甚至还允许你先品尝，然后再做决定。

海特常常想，会不会有些根本不打算买布丁的人利用这个优惠的机会白吃呢？有一天，他向女店员提出了这个问题，才得知的确有这样的事情。

“有这样一位老先生，”她说，“他几乎每星期都来这儿尝一尝每一种布丁，尽管他从来不买什么，而且，我怀疑他永远也不会买。我从去年，甚至前年就记住他了。唉，如果他想来就让他来吧，我们也欢迎。而且，我希望有更多商店可让他去品尝布丁。他看上去好像确实需要这样，我想大家都不会在乎的。”

就在她正跟海特说着话的时候，一位上了年纪的先生一瘸一拐地来到柜台前，开始兴致勃勃地仔细打量起那一排布丁。

"哎，那就是我刚刚跟你说的那位先生，"女店员轻轻地对海特说，"现在你就看着他好了。"说完，又转身对老先生说："您想尝尝这些布丁吗，先生？您就用这把调羹好了！"

这位老先生衣着破旧，但很整洁。他接过调羹，开始急切地一个接一个地品尝布丁，只是偶尔停下来，用一块大大的手绢擦擦他发红的眼睛。

海特看到他的手绢已经完全破了。

"这种不错。"

"这种也很好，但稍稍油腻了一点。"

海特想：看起来，他真诚地相信自己最终会买下一个布丁。他一点也不觉得自己是在欺骗商店。可怜的老头！也许他过去有钱来挑选自己最爱吃的布丁，如今他已家境破落，所能做到的也只是这样品尝品尝了。

海特突然动了同情心，走到老人跟前说：

"对不起，先生，能赏个脸吗？让我为您买一只布丁吧。这会让我深感欣慰的。"

听完海特的话，老先生好像被刺了一下似的往后一跳，热血冲上他那布满皱纹的脸。

"对不起，"他说，他的神态比海特根据其外表想象出的要高傲得多，"我想我跟您并不相识。您肯定是认错人了。"

说完，老先生转身对女店员大声说道："劳驾，把这只布丁替我包好，我要带走。”他指了指最大的也是最贵的一只布丁。

女店员从架子上取下布丁，开始打包。这时，他掏出一只破旧的黑色小皮夹子，开始数起他那些零散而少得可怜的钱来，然后将它们放到柜台上。

人生感悟

不尊重别人的自尊心，就好像一颗经不住阳光的宝石。一个真正会助人的人，在帮助他人时绝不会表现得像一个高高在上的施与者。

合作才能生存

我们生活在一个充满竞争的时代，生存似乎变得越来越艰难，然而正是如此，我们才更需要与别人合作。最能有效地运用合作法则的人生存得最久，而且这个法则适用于任何动物。

一位生前经常行善的基督徒见到了上帝，他问上帝天堂和地狱有何区别。于是上帝就让天使带他到天堂和地狱去参观。

到了天堂，在他们面前出现一张很大的餐桌，桌上摆满了丰盛的佳肴。围着桌子吃饭的人都拿着一把十几尺长的勺子。

不过令人不解的是，这些可爱的人们都在相互喂对面的人吃饭。可以看得出，每个人都吃得很愉快。天堂就是这个样子呀！他心中非常失望。

接着，天使又带他来到地狱参观。出现在他面前的是同样的一桌佳肴，他心中纳闷儿：天堂怎么和地狱一样呀！天使看出了他的疑惑，就对他说："不用急，你再继续看下去。"

过了一会儿，用餐的时间到了，只见一群骨瘦如柴的人来到桌前入座。每个人手上也都拿着一把十几尺长的勺子。

可是由于勺子实在是太长了，每个人都无法把勺子内的饭送到自己口中，这些人都饿得大喊大叫。

人生感悟

一个人的才能和力量总是有限的，唯有合作，才能最省时省力、最高效地完成一项复杂的工作。没有别人的协助与合作，任何人都无法取得持久性的成功。

自我管理，人生成功的催化剂

要想管理好工作、命运，首先要管理好自己——杰出者、成功者必定是卓有成效的自我管理者。

一个人能不能自我管理是非常重要的。印度雷缪尔集团总经理，哈佛商学院的MBA，伦敦商学院、欧洲INSEAD商学院、瑞士国际管理发展学院、中国中欧国际工商学院等多所商学院的访问教授帕瑞克博士曾经说过："除非你能管理自我，否则你不能管理任何人或任何东西。"

自我管理是一门科学，也是一门艺术，是对自己人生和实践的一种自我调节，也是人生成功的催化剂。

2005年，香港富豪李嘉诚在谈到自己的成功时，曾着重强调了自我管理的重要性：

"掐指一算，我的公司已成立55年，由1950年几个人的小公司发展到今天在全球52个国家拥有超过20万员工的企业……

"人生不同的阶段中，要经常反思自问：我有什么心愿？我有宏伟的梦想，但我懂不懂什么是有节制的热情？我有与命运拼搏的决心，但我有没有面对恐惧的勇气？我有信心、有机会，但有没有智慧？我自信能力过人，但有没有面对顺境、逆境都可以恰如其分行事的心力？

"14岁，当我还是个穷小子的时候，我对自己的管理很简单：我必须赚取足够一家人存活的费用。我知道没有知识就改变不了命运，没有本钱更不能好高骛远，我还经常会记起祖母的感叹：'阿诚，我们什么时候能像潮州城中某某人那么富有？'

"我可不想像希腊神话中伊卡罗斯一样，凭借蜡做的翅膀翱翔，最终悲惨地坠下。于是我一方面紧守角色，虽然当时只是小工，但我坚持把每件交托给我的事做得妥当、出色；一方面绝不浪费时间，把剩下来的每一分钱都用来购买实用的旧书籍。

“22 岁成立公司以后，我知道光凭耐忍、任劳任怨已经不够，成功也许没有既定的方程式，失败的因子却显而易见，建立减低失败概率的架构，才是步向成功的快捷方式……”

就这样，他一步步迈入了人生辉煌的殿堂。

人生感悟

达到自我管理，我们可以逐步走向自我完善，最大限度地激发自身潜能，实现人生的最大价值。

不论你做什么，都要保持一颗高贵的心

他是个上了年纪的补鞋匠，铺子开在巴黎古老的玛黑区。布克夫人拿鞋子去请他修补，他先是对她说：“我没空。拿去给大街上的那个家伙吧，他会立刻替你修好。”

可是，布克夫人早就看中他的铺子了。只看他工作台上放满了的皮块和工具，她就知道他是个巧手的工艺匠。“不成，”她回答说，“那个家伙一定会把我的鞋子弄坏。”

“那个家伙”其实是那种替人即时钉鞋跟和配钥匙的人，他们根本不大懂得修补鞋子或配钥匙。他们工作马虎，替你缝一回

鞋的带子后，你倒不如把鞋子干脆丢掉。

那鞋匠见布克夫人坚持不让，于是笑了起来。他把双手放在蓝布围裙上擦了一擦，看了看她的鞋子，然后叫她用粉笔在一只鞋底上写下自己的名字，说："一个星期后来取。"

布克夫人将要转身离去时，他从架子上拿下一只极好的软皮靴子，很得意地说："看到我的本领吗？连我在内，整个巴黎只有3个人能有这种手艺。"

布克夫人出了店门，走上大街，觉得好像走进了一个簇新的世界。那个老工艺匠仿佛是中古传说中的人物——他说话不拘礼节，戴着一顶形状古怪、满是灰尘的毡帽，奇特的口音不知来自何处，而最特别的，是他对自己的技艺深感自豪。

布克夫人想：在现代社会里，人们只讲求实利，只要有利可图，随便怎样做都可以。人们视工作为应付不断增加的消费的手段，而非发挥本身能力之道。在这样的时代里，看到一个补鞋匠对自己一件做得很好的工作感到自豪，并从中得到极大的满足，实在是难得遇到的快事。

人生感悟

一个认真而又诚实的人，不论做什么，只要他尽心尽力，忠于职守，除了保持自尊之外别无他求，那么，他就是值得世人尊敬的。

第九章

拒绝平庸，做最好的自己

珍爱自己，让个性伴随你，自信地站在自己的位置上，给苍白的四周以绮丽，给庸俗的日子以诗意，给沉闷的空气以清新。每日拭亮一个太阳，用大自然的琴弦，奏响自己喜爱的心曲，大声宣告：我就是一道风景。

在人生之路上，自己既是同行者，又是挑战者。失去了自己这个对手，也许将失去一切。挑战自己，战胜自己，超越自己吧！

接受不幸不如接受挑战，相信命运不如相信自己

威尔逊先生是一位成功的商业家，他从一个普普通通的事务所小职员做起，经过多年的奋斗，终于拥有了自己的公司、办公楼，并且受到了人们的尊敬。

这一天，威尔逊先生从他的办公楼走出来，刚走到街上，就听见身后传来“嗒嗒嗒”的声音，那是盲人用竹竿敲打地面发出的声响。威尔逊先生愣了一下，缓缓地转过身。

那盲人感觉到前面有人，连忙打起精神，上前说道：“尊敬的先生，您一定发现我是一个可怜的盲人，能不能占用您一点点时间呢？”

威尔逊先生说：“我要去会见一个重要的客户，你要说什么就快说吧。”

盲人在一个包里摸索了半天，掏出一个打火机，放到威尔逊先生手里，说：“先生，这个打火机只卖1美元，这可是最好的打火机啊。”

威尔逊先生听了，叹口气，把手伸进西服口袋，掏出一张钞票递给盲人：“我不抽烟，但我愿意帮助你。这个打火机，也许我

可以送给开电梯的小伙子。”

盲人用手摸了一下那张钞票，竟然是一百美元！他用颤抖的手反复抚摸这钱，嘴里连连感激着：“您是我遇见过的最慷慨的先生！仁慈的富人啊，我为您祈祷！上帝保佑您！”

威尔逊先生笑了笑，正准备走，盲人拉住他，又喋喋不休地说：“您不知道，我并不是一生下来就瞎的。都是23年前布尔顿的那次事故！太可怕了！”

威尔逊先生一震，问道：“你是在那次化工厂爆炸中失明的吗？”

盲人仿佛遇见了知音，兴奋得连连点头：“是啊是啊，您也知道？这也难怪，那次爆炸光炸死的人就有93个，伤的人有好几百，可是头条新闻啊！”

盲人想用自己的遭遇打动对方，争取得到一些钱，他可怜巴巴地继续说道：“我真可怜啊！到处流浪，孤苦伶仃，吃了上顿没下顿，死了都没有人知道！”

他越说越激动：“你不知道当

时的情况，火一下子冒了出来！仿佛是从地狱中冒出来的！逃命的人群都挤在一起，我好不容易冲到门口，可一个大个子在我身后大喊：'让我先出去！我还年轻，我不想死！'他把我推倒了，踩着我的身体跑了出去！我失去了知觉，等我醒来，就成了盲人，命运真不公平啊！"

威尔逊先生冷冷地说道："事实恐怕不是这样吧？"

盲人一惊，用空洞的眼睛呆呆地对着威尔逊先生。

威尔逊先生一字一顿地说："我当时也在布尔顿化工厂当工人，是你从我的身上踏过去的！你长得比我高大，你说的那句话，我永远都忘不了！"

盲人站了好长时间，突然一把抓住威尔逊先生，爆发出一阵大笑："这就是命运啊！不公平的命运！你在里面，现在出人头地了，我跑了出去，却成了一个没有用的盲人！"

威尔逊先生用力推开盲人的手，举起了手中一根精致的棕榈手杖，平静地说："你知道吗？我也是一个盲人。你相信命运，可是我不信。"

人生感悟

很多事实都证明，接受不幸、屈服于命运的人，最终会成为命运的奴隶；纵然遭遇不幸，却能积极地挑战不幸、不屈服于命运的人，一定能战胜不幸，获得成功。

没有思想和主见，一切学识和经验都毫无价值

一家大公司需要招聘办公室副主任，在省城的好几家报纸上登出了“高薪诚聘”内容的广告。月薪高的确具有不小的诱惑力，一时间应者云集，有近百人报名参加初试，其中不乏硕士生和许多有工作经验者。

初试之后，又经过了三轮面试，最后确定由三人参加最后一轮面试。他们是：一个硕士毕业生、一个应届本科毕业生和一个有着 5 年相关工作经验的年轻人。

最后的面试由总经理亲自把关：跟三位应聘者逐个进行交谈。

面试的房间是临时腾出来的，设在人事部的一间小办公室里。等谈话要开始了，才发现室内恰好少了一把供应聘者坐下来跟总经理交谈的椅子。办事人员正要到隔壁办公室去借一把椅子，总经理挥手制止了他：“别去了，就这样吧！”

第一位进来的是那位硕士生。总经理对他说的第一句话是：“你好，请坐。”他看着自己周围，发现并没有椅子，充满笑意的脸上立即现出了些许茫然和尴尬。

“请坐下来谈。”总经理又微笑着对他说。他脸上的尴尬显得

更浓了，有些不知所措，略作思索，他谦卑地笑着说：“没关系，我就站着吧！”

接下来就轮到年轻人，他环顾左右，发现并没有可供自己坐的椅子，也是一脸谦卑地笑：“不用了，不用了，我就站着吧！”

总经理微笑着说：“还是坐下来谈吧！”

年轻人很茫然，回头看了看身后，“可是……”

总经理似乎恍然大悟，说：“啊，请原谅我们工作上的疏忽。那好，你就委屈一下，我们站着谈吧！不过，很快就完的。”

几分钟后，那个应届毕业生进来了。总经理的第一句话仍然是：“你好，请坐。”

大学生看看周围没有椅子，愣了一下，立即微笑着请示总经理：“您好，我可以把外面的椅子搬一把进来吗？”

总经理脸上的笑容舒展开来，温和地说：“为什么不可以？”

大学生就到外面搬来了一把椅子坐下来，和总经理有礼有节地完成了后面的谈话。

最后一轮面试结束后，总经理留用了这位应届的大学毕业生。

总经理的理由很简单：我们需要的是有思想、有主见的人，没有自己的思想和主见，一切的学识和经验都毫无价值。

事实也证明总经理的判断准确无误。仅仅半年之后，应届毕业生就坐到了总经理助理的位置上，成为公司中最年轻的高层管理人员。

人生感悟

做任何事情都需要我们有思想、有主见，这样才能充分发挥自己的主动性和创造性。如果一个人没有自己的思想和主见，那么，一切学识和经验都毫无价值。

做事最怕没创意，有创意的东西才能引起关注

日本冈山市有一栋非常漂亮气派的5层钢筋水泥大楼。这栋大楼就是条井正雄所拥有的冈山大饭店。然而，谁也没想到，这位当年身无分文的条井正雄却盖起了这栋大楼。

条井以前是一家银行的贷款股长，一直负责办理饭店、旅馆业贷款的工作。10年的工作，使他不知不觉成了一个拥有旅馆经营知识十分丰富的人，这时他心里自然也产生了经营旅馆的欲望。为了求得更完善的方案，他实地做过精密的调查，调查结果是来冈山市的旅客，有97%是为商务而来的。然后，他又在公路边站了三个月，调查汽车来往情况，得出每天汽车流量有900辆，每辆车约坐2.7人。然而当时，冈山市的旅馆却没有一家有像样的停车场设施。他想，将来新盖的饭店，必须具有商业风格，而且附设广阔的停车场，以此来吸引旅客。他又花费一年时

间，制成几张十分阔气的饭店设计图纸和一份经营计划书。抱着试试看的态度到冈山市最大的建筑公司碰运气。

一位主管看了他的设计后，问条井："你准备了多少资金来盖这栋大楼？"

"我一分钱也没有，我想，先请你们帮我盖这栋大楼，至于建筑费等我开业之后，分期付给你们。"条井泰然自若地回答。

"你简直是在做白日梦，真是太天真了，请你把这个设计图拿回去吧！"

"这几张图纸和计划书是我花了两年时间完成的，我认为很完整。请你们详细研究，我以后再来讨教！"条井没有说更多的话，把设计图丢在那里，掉头就走。

半个月后，奇迹发生了，这个建筑公司约他去面谈。该公司的董事和经理齐聚一堂，从上午 8 点谈到下午 4 点，一个接一个地问话，各式各样的提问，那种场面真令人心惊肉跳。然而，难以令人相信的事终于发生了：建筑公司决定花 2 亿日元替这位身无分文的先生盖饭店。

一年后饭店落成了，条井成了老板。这就是创意所带来的巨大成功。

人生感悟

创意是一种找出问题，改进方法的能力。做事最怕没创意，只有有创意的东西才能从众多的同类事物中脱颖而出，引起人们的关注。发挥创意并不仅仅局限于艺术领地，各项事业的成功都需要充分运用我们的创意。

时间不等人，延迟决定是最大的错误

美国拉沙叶大学的一位业务员前去拜访西部一小镇上的一位房地产商人，想把一个“销售及商业管理”课程介绍给这位房地产商人。这位业务员到达房地产商人的办公室时，发现他正在一架古老的打字机上打着一封信。这位业务员自我介绍一番，然后介绍他所推销的这个课程。

那位房地产商人显然听得津津有味。然而，听完之后，却迟迟不表示意见。

这位业务员只好单刀直入了：“你想参加这个课程，不是吗？”

这位房地产商人以一种无精打采的声音回答说：“呀，我自己也不知道是否想参加。”

他说的倒是实话，因为像他这样难以迅速做出决定的人有数百万之多。这位对人性有透彻认识的业务员，这时候站起来，准备离开。但接着他采用了一种多少有点刺激的战术。下面这些话使房地产商人大吃一惊。

“我决定向你说一些你不喜欢听的话，但这些话可能对你很有帮助。

“先看看你工作的办公室，地板脏得可怕，墙壁上全是灰尘。你现在所使用的打字机看来好像是大洪水时代挪亚先生在方舟上所用过的。你的衣服又脏又破，你脸上的胡子也未刮干净，你的眼光告诉我你已经被打败了。

“在我的想象中，在你家里，你太太和你的孩子穿得也不好，也许吃得也不好。你的太太一直忠实地跟着你，但你的成就并不如她当初所希望的。在你们结婚时，她本以为你将来会有很大的成就。

“请记住，我现在并不是向一位准备进入我们学校的学生讲话，即使你用现金预交学费，我也不会接受。因为，如果我接受了，你将不会拥有去完成它的进取心，而我们不希望自己的学生当中有人失败。

“现在，我告诉你为何失败。那是因为你没有做出一项决定的能力。

“在你的一生中，你一直养成一种习惯：逃避责任，无法做出决定。结果到了今天，即使你想做什么，也无法办得到了。

“如果你告诉我，你想参加这个课程，或者你不想参加这个课程，那么，我会同情你，因为我知道，你是因为没有钱才如此犹豫不决。但结果你说什么呢？你承认你并不知道你究竟参加或不参加。你已养成逃避责任的习惯，无法对影响到你生活的所有事情做出明确的决定。”

这位房地产商人呆坐在椅子上，下巴往后缩，他的眼睛因惊讶而膨胀，但他并不想对这些尖刻的批评进行反驳。

这时，这位业务员说了声“再见”，走了出去，随手把房门关上。但又再度把门打开，走了回来，带着微笑在那位吃惊的房地产商人面前坐下来，继续他的谈话。

“我的批评也许伤害了你，但我倒是希望能够触怒你。现在让我以男人对男人的态度告诉你，我认为你很有智慧，而且我确信你有能力，但你不幸养成了一种令你失败的习惯。但你可以再度站起来。我可以扶你一把——只要你愿意原谅我刚才所说过的那些话。

“你并不属于这个小镇。这个地方不适合从事房地产生意。你赶快替自己找套新衣服，即使向人借钱也要去买来，然后跟我到圣路易市去。我将介绍一个房地产商人和你认识，他可以给你一些赚大钱的机会，同时还可以教你有关这一行业的注意事项，你以后投资时可以运用。你愿意跟我来吗？”

那位房地产商人竟然抱头哭泣起来。最后，他努力地站了起来，和这位业务员握握手，感谢他的好意，并说他愿意接受他的劝告，但要以自己的方式去进行。他要了一张空白报名表，签字报名参加《推销与商业管理》课程，并且凑了一些一毛、五分的硬币，先交了头一期的学费。

三年以后，这位房地产商人开了一家拥有 60 名业务员的公司，成为圣路易市最成功的房地产商人之一，他还指导其他业务员的工作，每一位准备到他公司上班的业务员，在被正式聘用之前，都要叫到他的私人办公室去，他把自己的转变过程告诉这位新人，从拉沙叶大学那位业务员初次在那间寒酸的小办公室与他见面开始说起，并且首先要传授的一条经验就是——“延迟决定是最大的错误”。

人生感悟

犹豫不决，决而不断，是成功道上的巨大阻石，很多人往往由于延迟决定而错过了最佳时机。时间不等人，无论做什么事，都要果断决定，用行动去改变自己，去证明自己，才有可能成功。

甩掉自卑的包袱

从前，在夏威夷有一对双胞胎王子。有一天，国王想为大王子娶媳妇，便问他喜欢怎样的女性。

大王子回答：“我喜欢瘦的女孩子。”

而知道了这消息的岛上年轻女性想：“如果顺利的话，或许能攀上枝头做凤凰。”于是大家争先恐后地开始减肥。

不知不觉，岛上几乎没有胖的女性了。不仅如此，因为女孩子一碰面就竞相比较谁更苗条，甚至出现了因为营养不良而得重病的情况。

但后来却出现了意外的情况。大王子因为生病一下子就过世了，因此仓促决定由弟弟来继承王位。

于是国王又想为小王子娶媳妇，便问他同样的问题。“现在女孩都太瘦弱了，而我比较喜欢丰满的女性。”小王子说。

知道消息的岛上年轻女性，开始竞相大吃特吃，于是，岛上几乎没有瘦的女性了，但岛上的食物也被吃得匮乏，甚至连为预防饥荒的粮食也几乎被吃光了。

最后王子所选的新娘，却是一位不胖不瘦的女性。

王子的理由是：“不胖不瘦的女性，更显青春而健康。”

人生感悟

自卑感在每个人身上都或多或少地存在，但我们不应被自卑吓倒，而应超越自卑，让它升华为良好品格：谦虚谨慎，不骄不躁，并转化成进取的动力。只有这样，你才会活得开心，活得顺利，你的人生才会充满希望。

勇于出新出奇，才会有更多成功的机会

风光优美、气候宜人的奥地利，是各国游客喜欢观光的胜地。就在某处青山和绿茵的环抱中，有家名为特里贡辛格霍夫的酒店首创世界之最——“婴儿酒家”，吸引了成千上万的国内外游人，生意极为兴隆。

那么，这个“婴儿酒家”是谁的创意呢？说来话长。这家酒店原是一位女老板经营，后来她病逝。店务就落在她那个29岁的儿子西格弗里德身上。新老板很想革故鼎新，搞些新名堂，用以开拓自己的事业。

一天，一位朋友满面春风地来探望他，告诉他自己成为父亲了。望着朋友容光焕发的笑脸，西格弗里德怦然心动，一个崭新的生意经在脑海中跳将出来。他对朋友说：“我想把这家普通酒店改成一家婴儿酒家。我特地邀您夫妇带着小孩两星期后光临，在此度过一段美妙的休假。”朋友欣然答应。

于是酒店立即投入改装、施工。亲友们很不理解西格弗里德的新名堂，指责道：“婴儿会喝酒吗？你年纪轻轻办事不牢靠，不要把你母亲多年辛苦经营留下的产业败光了啊！”

西格弗里德申辩道："我命名它为'婴儿酒家'，宗旨是'小客人快乐第一'，其实更是为年轻的父母们服务的呀。"

亲友们还是不理解，都说他异想天开，肯定是个败家子。西格弗里德不再搭理，督促工匠们加快工作进度：在两星期的停业改修中，他为酒店添置了许多婴儿床、高脚椅和各式玩具，新辟了小客房、游乐室、婴儿酒吧和水上单车，并聘用了三位经过专业训练的合格护士，以备安排24小时轮流值班，看护各个房间的小客人。每间小客房都要安装与服务台大厅连接的警铃，要是婴儿哭了或醒了，正在饮酒、跳舞或打高尔夫球的年轻父母就能及时赶去探望。

"婴儿酒家"终于如期开张。第一批前来娱乐度假的顾客中就有那位带着妻儿的朋友。他们为这独树一帜的酒家迷住了，极其舒畅地度过了一段终生难忘的日子。回去后，他们有意无意地为这世界之最的酒家做义务广告宣传员。于是，该店常常爆满。年轻的父母为了品味这家酒店的新奇和美妙，纷纷上门或预约房间。西格弗里德又及时根据生意行情，购买了更多的玩具、婴儿床、尿壶、马桶等，终于把婴儿酒家办成一座令婴儿及其父母流连忘返的儿童乐园。

人生感悟

我们知道，因循守旧会故步自封，只有推陈出新才能有所发展。要善于抓住在头脑中一闪而过的灵感，如果可行就要立刻去做，不要在乎别人的看法，因为这往往就是一个获取成功的绝好机会。

第十章

心有多大，舞台就有多大

敞开心灵的舞台，去追求你的渴望，实现你的梦想，成就你的憧憬！不管你多么平凡、多么渺小，心有多大，舞台就有多大。

唯有心怀梦想，才有一飞冲天的壮举；唯有志在蓝天，才有盘旋翱翔的雄姿。雏鹰，怀着敞开的心灵，激荡着信心和毅力，历经磨难，终于成为天空中飞翔的精灵。以一双坚强有力的双翅，承载着对梦想的追求，穿越心灵。

展示真实的自己

她想要成为一位歌唱家，可是长得并不好看。她的嘴很大，牙齿很暴露，每一次公开演唱的时候——在新泽西州的一家夜总会里——她都想把上嘴唇拉下来盖住她的牙齿。她想要表演得很美，结果呢？她使自己大出洋相，总也逃脱不了失败的命运。

可是，在那家夜总会里听这个女孩子唱歌的一个人，认为她很有天分。"我跟你说，"他很直率地说，"我一直在看你的表演，我知道你想掩藏的是什么，你觉得你的牙长得很难看。"这个女孩子非常窘，可是那个男的继续说道："这是怎么回事？难道说长了龅牙就罪大恶极吗？不要去遮掩，张开你的嘴，观众欣赏的是你的歌声。再说，那些你想遮起来的牙齿，说不

定还会带给你好运呢。”

她接受了他的忠告，没有再去注意牙齿。从那时候开始，她只想到她的观众，她张大了嘴巴，热情而高兴地唱着，后来，她成为电影界和广播界的一流红星。她的名字叫凯丝·达莉。

人生感悟

每个人都不可能完美无缺，只有从内心接受自己，喜欢自己，欣赏自己，坦然地展示真实的自己，才能拥有成功快乐的人生。

没有必要去掩饰自己的缺陷，尽管你是不完美的，但你仍是独一无二、不可替代的。你喜欢自己，别人也会喜欢你。你珍视自己，别人也会珍视你。期待别人完美是不现实的，期待自己完美则是愚蠢的。喜欢不完美的自己，你将获得对自己的认同和理解；勇敢地展示自己，你将会获得意想不到的成功。

所以，不要苛求自己，不要被完美所累，要相信真我的精彩。

信念像一面旗帜，能给人以无穷的精神力量

罗杰·罗尔斯是美国纽约州历史上第一位黑人州长。他出生在纽约声名狼藉的大沙头贫民窟。这里环境肮脏，充满暴力，是偷渡者和流浪汉的聚集地。在这儿出生的孩子，有不少从小逃学、

打架、偷窃甚至吸毒，长大后很少有人从事体面的职业。然而，罗杰·罗尔斯是个例外，他不仅考入了大学，而且还成了州长。

在记者招待会上，一位记者向他提问:“是什么把你推向州长宝座的?”面对三百多名记者，罗尔斯对自己的奋斗史只字未提，只谈到了他上小学时的校长——皮尔·保罗。

1961 年，皮尔·保罗被聘为诺必塔小学的董事兼校长。当时正是美国嬉皮士流行的时代，他走进大沙头诺必塔小学的时候，发现这儿的穷孩子比“迷惘的一代”还要无所事事。他们不与老师合作，旷课、斗殴，甚至砸烂教室的黑板。皮尔·保罗想了很多办法来引导他们，可是没有奏效。后来他发现这些孩子都很迷信，于是在他上课的时候就多了一项内容——给学生看手相。他用这个办法来鼓励学生。

当罗尔斯从窗台上跳下，伸着小手走向讲台时，皮尔·保罗说:“我一看你修长的小拇指就知道，将来你是纽约州的州长。”当时，罗尔斯大吃一惊，因为长这么大，只有他奶奶让他振奋过一次，说他可以成为 5 吨重的小船的船长。这一次，皮尔·保罗先生竟说他可以成为纽约州的州长，着实出乎他的预料。他记下了这句话，并且相信了它。

从那天起，“纽约州州长”就像一面旗帜激励着他。罗尔斯的衣服不再沾满泥土，说话时也不再夹杂污言秽语，他开始挺直腰杆走路。在以后的 40 多年间，他没有一天不按州长的标准要求自己。51 岁那年，他终于成了州长。

在就职演说中，罗尔斯说：“信念值多少钱？信念是不值钱的，它有时甚至是一个善意的欺骗，然而你一旦坚持下去，它就会迅速增值。”

人生感悟

信念是一种无形的力量，它就像一面旗帜，不断鼓舞人心，让人精神振奋。在信念的感召之下，困难都会迎刃而解，烦恼和痛苦也无法阻挡前进的脚步。只要我们心中怀有一个坚定的信念，并且坚持下去，走向成功就不是什么难事。

对于自己不熟悉的领域，不要轻易去涉足

从前，有个农夫，由于庄稼种得好，生活过得很惬意。村子里的人都夸他聪明，并有人断言只要他做生意，肯定能发大财。

农夫的心就痒痒了，和妻子商量要做生意。他的妻子是个明白人，知道他不是做生意的料，就劝他打消这个念头，但农夫的主意已定，妻子怎么说都不行。

见劝说无用，妻子就说：“做生意总得有本钱吧，你明天就把

家中的一只山羊和一头毛驴牵进城去卖了吧。”

妻子找来三个人，对他们叮嘱了一番，说完就回娘家了。

第二天，农夫兴冲冲地上路了。妻子找来帮忙的人偷偷地跟在他的身后。

农夫贪睡，第一个人趁农夫骑在驴背上打盹儿之际，把山羊脖子上的铃铛解下来系在驴尾巴上，把山羊牵走了。不久，农夫猛一回头，发现山羊不见了，便忙着寻找。

这时第二个人走过来，热心地问他找什么。农夫说山羊被人偷走了，问他看见没有。第二个人随便一指，说看见一个人牵着一只山羊从林子中刚走过去，准是那个人，快去追吧。农夫急着去追山羊，把驴子交给这位“好心人”看管。等他两手空空地回来时，驴子与“好心人”自然都没了踪影。

农夫伤心极了，一边走一边哭。当他来到一个水池边时，却发现一个人坐在水池边哭，哭得比他还伤心。

农夫挺奇怪：还有比我更倒霉的人吗？就问那个人哭什么。

那人告诉农夫，他带着一袋金币去城里买东西，走到水边歇歇脚、洗把脸，却不小心把袋子掉进水里了。农夫说，那你赶快下去捞呀。那人说自己不会游泳，如果农夫给他捞上来，愿意送给他 20 个金币。

农夫一听喜出望外，心想：这下可好了，羊和驴子虽然丢了，可能到手 20 个金币，损失全补回来还有富余啊。他连忙脱光衣服跳下水捞起来。当他空着手从水里爬上岸，他的衣服、干粮也不见了。

当农夫沮丧地回到家时，惊奇地发现山羊和毛驴竟然在家中。

他的妻子说：“没出事时麻痹大意，出现意外后惊慌失措，造成损失后急于弥补。你连这些基本的风险都预料不到，又怎么能在商海里征战呢，还是老老实实地在家中种地吧！”

人生感悟

我们每个人都应该知道自己最适合做什么，并应该把精力放在做最适合自己的事情上，这样才能有所收获，才能获取成功。如果没有足够的本领与能力，对于自己不熟悉的领域，万不可贸然去涉足，否则会失败。

无论是谁，都有比其他人做得更好的地方

迈可·兰顿生的奋斗事迹照亮了许多人的人生之路，成为很多人景仰的英雄。

他生长在一个不太和睦的家庭里。在他小的时候，母亲经常闹着要自杀，当火气一来便抓起吊衣架追着他毒打。就是因为生活在这样的环境中，所以他自幼就有些畏缩而身体瘦弱。然而，日后在那部叫座的电视影片《草原上的小屋》中，他却扮演了那个殷格索家庭的一家之主，他那坚毅而充满自信的性格给大家留

下了深刻的印象。可是，迈可的人生为什么会有这样的改变呢？

在他读高中一年级时的一天，体育老师把这一班的学生带到操场去教他们如何掷标枪，而这一次的经验就此改变了他后来的人生。在此之前，不管他做什么事都是畏畏缩缩的，对自己一点自信都没有。可是那天奇迹出现了，他奋力一掷，只见标枪越过了其他同学的纪录，多出了足足有30英尺。就在那一刻，迈可知道了自己的前途大有可为。在其日后面对《生活杂志》的采访时，他回想道："就在那一天我才突然知道，原来我也有能比其他人做得更好的地方。当时便请求体育老师借给我这支标枪，在那年整个夏天里我就在运动场上掷个不停。"

迈可发现了使他振奋的未来，而他也全力以赴，结果有了惊人的成绩。那年暑假结束返校后，他的体格已有了很大的改变，而随后的一整年中，他特别加强重量训练，使自己的体能更往上提升。高三时的一次比赛，他掷出了全美高中生最好的标枪纪录，因而也让他赢得体育奖学金。这个人生的转变套句他自己的话就是：可真是一只小老鼠变成了一只大狮子。

人生感悟

在这个世界上，我们每个人都有自己独特的一面，都有比其他人做得更好的地方，遗憾的是，很多人都不知道或没有找到。当一个人找到了这个属于自己的领域的时候，他就会由自卑变得自信，并会发挥出自己的潜能。

不断挑战自我的极限，就没有什么事是做不到的

1912 年，班·费德雯出生于美国。

1942 年，费德雯加入纽约人寿保险公司。单件保单销售，他曾做到 2500 万美元，一个年度的业绩超过 1 亿美元。

费德雯一生中售出数十亿美元的保单，这个金额比全美 80% 的保险公司的销售总额还高。

在这个专业化导向的行业里，连续数年达到 10 万美元的业绩，便能成为众人追求的，卓越超群的百万圆桌协会会员，而费德雯却做到近 50 年，平均每年的销售额达到近 300 万美元的业绩。放眼寿险史上，没有任何一位业务员能赶上他。而他的一切，仅是在他家方圆 40 里内，一个人口只有 1.7 万人的东利物浦小镇中创造出来的。

1955年，没有人敢去想，一名寿险业务员的年度业绩竟能超过1000万美元。

1956年，费德雯超过了。

1959年，2000万美元的年度业绩被认为是遥不可及的梦，它是那样不可思议，以致从业人员连想都没想过，除了费德雯以外。

1960年，他把梦想变成事实。

1966年，费德雯冲破了5000万美元的大关。

1969年，他缔造1亿美元的年度业绩，往后更是屡见不鲜。

1984年，他获得罗素纪念奖，此为保险业的最高荣誉。

虽然费德雯说自己没有任何秘诀，但其实他已把他的“秘诀”公之于世了。多年来，他总是从早上到晚上，从周一到周日，从不间断地努力工作。

费德雯认为:“对自己的生活方式与工作方式完全满意的人，已陷入常规。假如他们没有鞭策力，使自己成为更好的人，或使自己的工作更杰出，那么他们便是在原地踏步。而正如任何一位业务员会告诉你的，原地踏步就等于退步。”

人生感悟

不断努力挑战自我的极限，是一个人成功的必备因素。不论是在工作中还是在生活中，只要我们敢想敢干，不断地鞭策自己，满怀信心地去挑战自我，那么，就没有什么事是做不到的。

只有明确目标，才能以最快的速度实现目标

1940 年 11 月，他出生在美国三藩市，英文名字叫布鲁斯·李。因为父亲是演员，他从小就有了跑龙套的机会，于是很早就产生了当一名演员的梦想。他由于身体虚弱，父亲让他拜师习武来强身。1961 年，他考入华盛顿州立大学主修哲学，后来，他像所有正常人一样结婚生子。但在他内心深处，时刻也不曾放弃当一名演员的梦想。

一天，他与一位朋友谈到梦想时，随手在一张便笺上写下了自己的人生目标：

“我，布鲁斯·李，将会成为全美国薪酬最高的超级巨星。作为回报，我将奉献出最激动人心、最具震撼力的演出。从 1970 年开始，我将会赢得世界性的声誉；到 1980 年，我将会拥有 1000 万美元的财富，那时候我及家人将会过上愉快、和谐、幸福的生活。”

写下这张便笺的时候，他的生活正穷困潦倒，不难想象，如果这张便笺被别人看到，会引起什么样的嘲笑。

然而，他却把这些话深深铭刻在了心底。为实现梦想，他克

服了无数次常人难以想象的困难。比如，他曾因脊背神经受伤，在床上躺了 4 个月，但后来他却奇迹般地站了起来。

1971 年，命运女神终于向他露出了微笑。他主演的《猛龙过江》等几部电影都刷新了香港票房纪录。1972 年，他主演了香港嘉禾公司与美国华纳公司合作的《龙争虎斗》，这部电影使他成为一名国际巨星——被誉为“功夫之王”。1998 年，美国《时代》周刊将其评为“20 世纪英雄偶像”之一，他是唯一入选的华人。

他就是李小龙——一个“最被欧洲人认识的亚洲人”，一个迄今为止在世界上享誉最高的华人明星。

1973 年 7 月，事业刚步入巅峰的他因病身亡。在美国加州举行的李小龙遗物拍卖会上，这张便笺被一位收藏家以 2.9 万美元的高价买走，同时，2000 份获准合法复印的副本也当即被抢购一空。

人生感悟

对于一个没有明确航向的人来说，肯定很难到达既定的港湾。而只有明确自己的目标和方向，我们才能全力以赴，以最快的速度接近和实现目标。

保持积极的心态，发挥出自身的潜能

早在少不更事，守着电视看奥运会的年纪时，摩拉里的心中就充满了梦想，梦想着即将到来的有趣之事。

1984 年，一个机会出现了。他想在他擅长的项目中，成为全世界最优秀的游泳者，但在洛杉矶的奥运会上，他却只拿了亚军，想象与梦想并没有实现。他重新回到梦想中，回到游泳池里，又开始意象和实际的训练。这一次目标是 1988 年韩国汉城奥运金牌。他的梦想在奥运预选赛时就烟消云散，他竟然被淘汰了。跟大多数人一样，他变得很沮丧。把这份梦想深埋心中，去康乃尔念律师学校。

有三年的时间，他很少游泳。可是心中始终有股烈焰，他无法抑制这份渴望。离 1992 年夏季赛不到一年的时间，他决定再孤注一掷一次。在这项属于年轻人的游泳赛中，他算是高龄的，这简直就像是拿着枪矛戳风车的现代堂·吉诃德。所以，他想赢得百米蝶泳赛的想法简直有点不太现实。

对他来说，这也是一个悲伤艰难的时刻，因为他的母亲因癌症而离世了。她将无法和他一起分享胜利的成果，可是追悼母亲的精神加强了他的决心和意志。令人惊讶的是，他不仅成为美国代表队成员，还赢得了初赛。他的纪录比世界纪录慢了一秒多，在竞赛中他势必要创造一个奇迹。加强想象，增加意象训练，不停地训练，他在心中仔细规划赛程，他的速度会占尽优势，他希望他能超越他的竞争者，一路领先。

预先想象了赛程，他就开始游了。而那一天，他真的站在了领奖台上，看着星条旗冉冉上升，美国国歌响起，颈上挂着令人骄傲的金牌。凭着他的积极心态，摩拉里将梦想化为胜利，美梦成真。

人生感悟

我们的命运是由我们自己的心态来决定的，积极的心态可以发挥出我们自身的潜能，能吸引财富、成功、快乐和健康；消极心态则能排斥这些东西，夺走生活中的一切，它还会使人终身陷入谷底，即使爬到了巅峰，也会被它拖下来。所以，不管什么时候，都要保持积极的心态。

第十一章

世界以痛吻你，你要学会报之以歌

人生在世，总要经受很多折磨，承受各种苦难。其实换一种眼光看世界，这些折磨对人生并不是消极的，反而是一种促进人成长的积极因素。因为，生命是一次次的蜕变过程，唯有经历各种各样的折磨，才能使人生得到升华。因此，你应该感谢那些折磨你的人，不管他们是善意的还是恶意的，他们在折磨你的同时，也在成全你，正是他们让你成长、成熟、成功！

学会宽容，人生才能步步为“赢”

1963年，应该是春天，在GE公司，一名28岁的员工经历了一生当中最为恐怖的事件之一——爆炸。

当时，他正坐在匹兹菲尔德的办公室里，街对面正好是实验工厂。这是一次巨大的爆炸。爆炸产生的气流掀开了楼房的房顶，震碎了顶层所有的玻璃。他飞奔出办公室，向出事的办公楼跑去。他跑到三楼，害怕极了。爆炸带来的灾难比他预想的更糟。一大块屋顶和天花板掉到了地板上，不可思议的是，没有人受重伤。

当时，人们正在进行化学实验。在一个大水槽里，他们将氧气灌入一种高挥发性的溶剂中。这时，一个无法解释的火花引发了这次爆炸。非常幸运的是，安全措施起到了一定的保护作用，爆炸产生的冲击波直接冲向了天花板。但作为负责人，他显然有严重的过失。

第二天，他不得不驱车100公里去康涅狄格的桥港，向集团公司的一位执行官查理·里德解释这场事故的起因。这个人对他是很信任的，但他还是准备好了挨批。他已经做好了最坏的准备。

他知道这时可以解释为什么会发生这次爆炸，并提出一些解决这个问题的建议。但是由于紧张，失魂落魄，他的自信心就像那爆炸的楼房一样开始动摇。

这是他第一次走进这位领导的办公室。查理·里德很快就使面前的年轻人平静了下来。作为一名从麻省理工学院毕业的化学工程博士，查理·里德是一个有着很深专业素养的杰出科学家。实际上，查理·里德在1942年加入GE公司以前，还在麻省理工学院当过5年应用数学的教师。对技术也同样有着很大的热情，他是个跟企业结婚的单身汉，是GE公司中级别最高的有着切身化学经验的执行官。查理·里德知道在高温环境下做高挥发性气体实验会发生什么。

查理·里德表现得异常通情达理。“我所关注的是你能从这次爆炸中学到了什么东西。你是否能够修改反应器的程序？”

年轻人没有想到查理·里德会问这些。

“你们是否应该继续进行这个项目？”查理·里德的表情和口吻充满理解，看不到一丝情绪化的东西或者愤怒。

“好了，我们最好现在就对这个问题有个彻底的了解；而不是等到以后，等我们进行大规模生产的时候。”查理·里德说道，“感谢上帝，没有任何人受伤。”

查理·里德的行为给这个年轻人留下了深刻的印象。

这个28岁的年轻人就是杰克·韦尔奇。当回忆起这段经历时，他说：“当人们犯错误的时候，他们最不愿意看到的就是惩罚。这时最需要的是鼓励和信心的建立。首要的工作就是恢复自信心。”

人生感悟

宽容比惩罚更能使一个人反省、改过。如果因为过失就对他人吹毛求疵，可能结果会适得其反。

宽容并非奢侈品

一次，楚庄王因为打了大胜仗，十分高兴，便在宫中设盛大晚宴，招待群臣，宫中一片热闹景象。楚王也兴致高昂，叫出自己最宠爱的妃子许姬，轮流着替群臣斟酒助兴。

忽然一阵大风吹进宫中，蜡烛被风吹灭，宫中立刻漆黑一片。黑暗中，有人扯住许姬的衣袖想要亲近她。许姬便顺手拔下那人的帽缨并赶快挣脱离开，然后许姬来到庄王身边告诉庄王说:“有人想趁黑暗调戏我，我已拔下了他的帽缨，请大王快吩咐点灯，看谁没有帽缨就把他抓起来处置。”

庄王说:“且慢！今天我请大家来喝酒，酒后失礼是常有的事，不宜怪罪。再说，众位将士为国效力，我怎么能为了显示你的贞洁而辱没我的将士呢？”说完，庄王不动声色地对众人喊道:“各位，今天寡人请大家喝酒，大家一定要尽兴，请大家都把帽缨拔掉，不拔掉帽缨不足以尽欢！”

于是群臣都拔掉自己的帽缨，庄王命人重又点亮蜡烛，宫中一片欢笑，众人尽欢而散。

3 年后，晋国侵犯楚国，楚庄王亲自带兵迎战。交战中，庄王发现自己军中有一员将官，总是奋不顾身，冲杀在前，所向无敌。众将士也在他的影响和带动下，奋勇杀敌，斗志高昂。这次交战，晋军大败，楚军大胜回朝。

战后，楚庄王把那位将官找来，问他："寡人见你此次战斗奋勇异常，寡人平日好像并未给过你什么特殊好处，你为什么如此冒死奋战呢？"

那将官跪在庄王阶前，低着头回答说："3 年前，臣在大王宫中酒后失礼，本该处死，可是大王不仅没有追究、问罪，反而还设法保全我的面子，臣深受感动，对大王的恩德牢记在心。从那时起，我就时刻准备用自己的生命来报答大王的恩德。这次上战场，正是我立功报恩的机会，所以我才不惜生命，奋勇杀敌，就是战死疆场也在所不辞。大王，臣就是 3 年前那个被王妃拔掉帽缨的罪人啊！"

一番话使楚庄王和在场将士大受感动。楚庄王走下台阶将那位将官扶起，那位将官已是泣不成声。

人生感悟

用一种宽容、豁达的胸怀对待“冒犯”你的人，不必采取任何行动，问题便会自动消失，心灵也可以获得一份宁静。

用爱去宽恕，用真诚去回报

在《圣经》中有一则约瑟接纳他的哥哥的故事。

约瑟是雅各的第十一子，遭兄长嫉妒，在年少时他被卖往埃及为奴，后来做了宰相。

有一年因为饥荒，他的哥哥们到埃及来寻求食物，约瑟见到了兄长。

当约瑟发现自己的哥哥们时，在众多仆人面前终于控制不住自己，他吩咐仆人：“所有的人都走吧！”

众仆人都离开了，这时约瑟对哥哥们说：“我是约瑟，我的父亲还好吗？”

他的哥哥们无法回答，一个个都目瞪口呆了。

接着，约瑟又对哥哥们说：“走近些。”

当他们走近，他说：“我是你们的兄弟约瑟，你们曾经把我卖到埃及。”兄长们还是不敢相信。但是，当他们明白一切都是真的时，他们看着眼前的弟弟如此威风、如此荣耀，更是吓得说不出话来了。但是，这时他们听到约瑟说：“现在，你们不要因为把我卖到这里而感到难过或谴责自己，那是上帝为了救你们的命把我早些送来这里的。老家发生饥荒已经两年了，接下来还有五年时间所有的土地将颗粒无收。上帝把我早些送来，是为了让你们继续存活，以特殊的方式搭救你们的性命，所以是上帝而不是你们把我送到这儿来的，他使我成为法老的父亲，所有财产的主人，整个埃及的统治者。”

对整个人类充满爱心而去真诚爱护每一个人，这是千百年来人类总结出来的处世智慧。

学会从硬币的另一面看待福祸的关系，今天的祸也许是明天的福。对待敌人能用爱心去宽恕，对待朋友能用真诚去回报，你方能成为最强大的人。因为最强大的人是那些能够化敌为友的人。

谅解和接受曾经伤害过你的人，才是最好的待人之道，这样就能得到希望的回报。

人生感悟

最强大的人是那些能够化敌为友的人。

别把自己囚禁在仇恨里

一个人在他 20 多岁时被人陷害，在牢房里待了 10 年。

后来冤案告破，他终于走出了监狱。出狱后，他开始了几年如一日地反复控诉、咒骂："我真不幸，在最年轻有为的时候竟遭受冤屈，在监狱度过本应最美好的一段时光。那样的监狱简直不是人居住的地方，狭窄得连转身都困难。唯一的细小窗口里几乎看不到阳光，冬天寒冷难忍，夏天蚊虫叮咬……真不明白，上帝为什么不惩罚那个陷害我的家伙，即使将他千刀万剐，也难解我心头之恨啊！"

75 岁那年，在贫病交加中，他终于卧床不起。

弥留之际，牧师来到他的床边："可怜的人，去天堂之前，忏悔你在人世间的一切罪恶吧……"

牧师的话音刚落，病床

上的他声嘶力竭地叫喊起来："我没有什么需要忏悔的，我需要的是诅咒，诅咒那些给予我不幸命运的人……"

牧师问："您因受冤屈在监狱待了多少年？离开监狱后又生活了多少年？"他恶狠狠地将数字告诉了牧师。

牧师长叹了一口气："可怜的人，您真是世上最不幸的人，对您的不幸，我真的感到万分同情和悲痛！他人囚禁了你区区 10 年，而当你走出监牢本应获取永久自由的时候，您却用心底里的仇恨、抱怨、诅咒囚禁了自己整整 50 年！"

人生感悟

把仇恨一直埋在心里，既浪费感情和精力，也让自己颓废和空虚。人生短暂，要做的事情很多，包容一下一切都会过去。不知道原谅别人而让自己痛苦，才是最大的不幸。

为怨恨的心灵寻找解脱

曼德拉因为领导反对白人种族隔离的政策而入狱，白人统治者把他关在荒凉的大西洋小岛罗本岛上 27 年。当时曼德拉年事已高，但白人统治者依然像对待年轻犯人一样对他进行虐待。

罗本岛上布满岩石，到处是海豹、蛇和其他动物。

曼德拉被关在总集中营的一个"锌皮房"中，白天打石头，将采石场的大石块碎成石料。他有时要下到冰冷的海水里捞海带，有时干采石灰的活儿——每天早晨排队到采石场，然后被解开脚镣，在一个很大的石灰石场里，用尖镐和铁锹挖石灰石。

因为曼德拉是要犯，看管他的看守就有3人。他们对他并不友好，总是寻找各种理由虐待他。

谁也没有想到，1991年曼德拉出狱后竟当选了总统，他在就职典礼上的一个举动震惊了整个世界。总统就职仪式开始后，曼德拉起身致辞，欢迎来宾。他依次介绍了来自世界各国的政要，然后他说，能接待这么多尊贵的客人，他深感荣幸，但他最高兴的是，当初在罗本岛监狱看守他的3名狱警也能到场。随即他邀请他们起身，并把他们介绍给大家。

曼德拉的博大胸襟和宽容精神，令那些残酷虐待了他27年的白人汗颜，也让所有到场的人肃然起敬。看着年迈的曼德拉缓缓站起，恭敬地向3个曾看守他的狱警致敬，在场的所有来宾以至整个世界，都静了下来。后来，曼德拉向朋友们解释说，自己年轻时性子很急，脾气暴躁，正是狱中的生活使他学会了控制情绪，因此才活了下来。牢狱岁月给了他激励，使他学会了如何处理自己遭遇的痛苦。他说，感恩与宽容常常源自痛苦与磨难，必须通过极强的毅力来训练。

获释当天，他的心情平静："当我迈过通往自由的监狱大门时，我已经清楚，自己若不能把悲痛与怨恨留在身后，那么我其实仍在狱中。"

冤冤相报何时了？我们应该用宽容的心去对待别人，给他人以自我反省的机会，也给自己修炼身心的时间，化干戈为玉帛。如果心里充满了对别人的仇恨，不但使别人生活于痛苦之中，自己的心灵更无法得到解脱。

宽容别人是在升华自己

当佛陀在世时，有位阿阇世王，为了夺取王位，害死了自己的父王频婆娑罗王，自立为王。但是，没过多久，他知道弑父的罪孽后，开始心生悔恼，由此而全身发热生疮，臭秽不可闻，经治疗后，病情不但没有减轻，反而越发严重。虽经别人劝请，往佛陀处求取忏悔解救，但仍自惭形秽不愿去。

频婆娑罗王虽被儿子杀害，但他生前信佛虔诚，深知身心的虚幻无常，故不只没有任何的怨恨，而且在知道儿子的情况后，反而显灵劝告儿子，告诉他，自己是佛陀的弟子，愿以佛陀的慈悲来原谅他，而且佛陀就快入灭了，如果不赶快去，就再也见不到佛陀了，因为除了佛陀能救他，使他不坠入地狱外，再也没有任何人可以解救他了。受到父王的宽宥和催促，阿阇世王因此前往求见佛陀，而得以获救。

频婆娑罗王的宽容，真是令人感动，他展现了宽容的真义，如此难能可贵的宽容，他不只原谅了儿子，也更升华了自己！

人生感悟

宽容，不只是一种思想，更是一种可以实践的本质，学会宽容别人，就是在升华自己。给别人一个改过的机会，就是给自己一个更广阔的空间！

你可以改变心情

多年以前，有一个女孩被强暴了，非常痛苦。她就到庙里去烧香求签，看到她一脸悲伤，一位老和尚问她发生了什么事。

这个女孩哭了，她泣不成声地说："我好惨啊，我多么不幸啊，我这一辈子都忘不了这件事情了……"

听罢她的陈述，老和尚对她说："这位小姐，你被强暴是你自愿的。"

这个女孩被老和尚的这句话吓了一跳，说："你说什么，我怎么可能自愿被强暴？"

老和尚对她说："你被他强暴一次，但在你的心里天天心甘情愿地被他强暴一次，那你一年下来，就被他强暴 365 次。"

"这是什么意思呢？"女孩不解地问。

"在你身边发生了一件不好的事情，你好像看了一场不好的电影一样，天天在回想，这不是很笨的事情吗？这与重蹈覆辙有什么区别呢？你改变不了环境，但你可以改变自己；你改变不了事实，但你可以改变态度；你改变不了过去，但你可以改变现在；你不能控制他人，但你可以掌握自己；你不能预知明天，但你可以把握今天；你不可以样样顺利，但你可以事事尽心；你不能延伸生命的长度，但你可以决定生命的宽度；你不能左右天气，但你可以改变心情……”

人生感悟

除了不能改变过去，你可以改变的事情很多，包括你的现在和未来。所以，应该换一个角度、换一种思维、换一份心情去生活。

宽容铺建了一条五彩路

一个小学校长在他的校园里巡视，当他走到教学楼后面一条正在铺筑水泥的小路时，他发现还没有完全凝固的水泥面上有两只玻璃球。他绕过去，尽量靠近那两只玻璃球。他想，一定是孩子们在课间玩耍时一不留神儿把玻璃球弹到了这里，如果现在不赶快把它们抠出来，等水泥完全凝固了，那玻璃球就成了永远的镶嵌物。他弯下腰，准备伸手去抠玻璃球。突然，有两个男孩吃吃地笑着，手拉手从他身边飞快跑过，跑出几十米后，又警觉地回头，似乎是担心会遭到校长的批评。校长愣了一下，猛地意识到了什么，他摆摆手，示意那两个男孩过来。

男孩吐着舌头不情愿地走过来，手紧紧捂着口袋。校长微笑着对他们说："你们能不能借给我一样东西？" 两人齐声问："什么东西？" 校长说："你们口袋里的东西——玻璃球。" 两个男孩惊讶万分，低着头，不敢迎视校长的目光。口袋里一阵脆响之后，他们把 10 多只玻璃球交到了校长手里。

校长俯下身子，像个淘气的孩子，把玻璃球一只一只按到了水泥路面上。两个男孩连忙向校长认错，承认原先那两只玻璃球是他俩按进去的，并表决心说："我俩再也不敢了。" 校长听了爽声大笑起来。他说："为什么要认错呢？我表扬你们两个还怕来不及呢！你们看，水泥路面原本多么灰暗、多么单调，但是，镶上了几个玻璃球后就显得那么精神、那么漂亮！快去，告诉你们的同学，让大家把玩过的玻璃球、小贝壳、彩石子全都拿来，砌出你们自己喜欢的图案——心形、圆形、三角形，什么图形都可以，咱们要把这条路铺成一条五彩路！"

多少年过去，当年的孩子又有了孩子。当他们满怀信任地将自己的孩子再度送进自己的母校时，总忘不了牵着孩子的手，带他们来走这条五彩路。

人生感悟

那些美丽自由的图案深藏着少年花样的梦想，被一条缎带般的甬路阐释得具体而透辟。不再年少的心澎湃着、激荡着，在分享不尽的一份包容与睿智面前，再一次感受了生活的美好，再一次汲取了奋进的力量。

没有你的同意，任何人都不能羞辱你

有一位青年画家，在成名前，住在一间狭隘的小房子里，靠画人像维持生计。一天，一个富人经过，看他的画工细致，很喜欢，便请他帮忙画一幅人像。双方约好酬劳是1万元。

一个星期后，人像完成了，富人依约前来拿画。这时富人心里起了歹念，欺他年轻又未成名，不肯按照原先的约定付给酬金。富人心中想着："画中的人像是我，这幅画如果我不买，那么绝没有人会买。我又何必花那么多钱来买呢？"

于是富人赖账，他说只愿花3000元买这幅画。青年画家呆住了，他从来没碰过这种事，心里有点慌，费了许多唇舌，向富人据理力争，希望富人能遵守约定，做个有信用的人。"我只能花3000元买这幅画，你别再说了。3000元，卖不卖？"

青年画家知道富人故意赖账，心中愤愤不平，他以坚定的语气说："不卖。我宁可不卖这幅画，也不愿受你的屈辱。今天你失信毁约，将来一定要你付出20倍的代价。"

"笑话，20倍，是20万耶！我才不会笨得花20万买这幅画。"

"那么，我们等着瞧好了。"青年画家对悻悻然离去的富人说。

经过这件事的刺激后，画家搬离了这个伤心地，重新拜师学艺，日夜苦练。功夫不负苦心人，十几年后，他终于闯出了一片天地，成为当地艺术界一位知名的人物。那个富人呢？自从离开画室后，第二天就把画家的画和话淡忘了。

直到有一天，富人的好几位朋友不约而同地来告诉他："朋友！有一件事好奇怪喔！这些天我们去参观一位成名艺术家的画展，其中有一幅画不二价，画中的人物跟你长得一模一样，标示价格20万。好笑的是，这幅画的标题竟然是——《贼》。"

好像被人当头打了一棍，富人想起了10多年前与画家的事。他立刻连夜赶去找青年画家，向他道歉，并且花了20万买回那幅人像画。青年凭着一股不服输的志气，让富人低了头。

人生感悟

这个世界没有人可以真正羞辱自己，我们每个人都要告别校园，在社会上行走，为了更好地活着，我们必须读懂人性。

原谅自己仇人的人最高尚

从前有一个富翁，他有3个儿子，在他年事已高的时候，富翁决定把自己的财产全部留给3个儿子中的一个。可是，到底要把财产留给哪一个儿子呢？富翁于是想出了一个办法：他要3个儿子都花1年时间去游历世界，回来之后看谁做了最高尚的事情，谁就是财产的继承者。

1年时间很快就过去了，3个儿子陆续回到家中，富翁要3个人都讲一讲自己的经历。

大儿子得意地说："我在游历世界的时候，遇到了一个陌生人，他十分信任我，把一袋金币交给我保管，可是那个人却意外去世了，我就把那袋金币原封不动地交还给了他的家人。"

二儿子自信地说："当我旅行到一个贫穷落后的村落时，看到一个可怜的小乞丐不幸掉到湖里了，我立即跳下马，从河里把他救了起来，并留给他一笔钱。"

三儿子犹豫地说："我没有遇到两个哥哥碰到的那种事，在我旅行的时候遇到了一个人，他很想得到我的钱袋，一路上千方百计地害我，我差点死在他手上。可是有一天我经过悬崖边，看到那个人正在悬崖边的一棵树下睡觉，当时我只要抬一抬脚就可以轻松地把他踢到悬崖下，我想了想，觉得不能这么做，正打算走，又担心他一翻身掉下悬崖，就叫醒了他，然后继续赶路了。这实在算不了什么有意义的经历。”

富翁听完3个儿子的话，点了点头说道：“诚实、见义勇为都是一个人应有的品质，称不上是高尚。有机会报仇却放弃，反而帮助自己的仇人脱离危险的宽容之心才是最高尚的。我的全部财产都是老三的了。”

人生感悟

宽容对一个人来说，永远是一种高尚的品质。事实上，每个人都有不尽如人意的地方，问题在于我们怎样去帮助后进的人，使他进步，切莫让他随波逐流，这才是真正的宽容所在。

遭遇“不公”时，要从自己身上找原因

生活中经常出现我们意料不到的事，往往是当时我们并不介意，过了好久才会咂出一些绵远悠长的味儿来，并让我们打个激灵。

1994年，林少平在一家公司打工，老板是位广东人，对下属非常严厉，从不给一个笑脸，但他是个说一不二的人，该给你多少工资、奖金，不会少你一个子儿，所以，员工都拼命工作。

公司有个规定，不准相互打听谁得多少奖金，否则“请你走好”。虽然很不习惯，他们还是一直遵守着、努力克制着从小就养成的好奇心和窥私癖。有一个月，他们都发现自己的奖金少了一大截，开始不敢说，但情绪总会流露出来，渐渐地大家都心照不宣了。那天中午，吃工作餐时，大家见老板不在公司，就有人摔盆碰碗地发脾气，很快得到众人响应，一时怨声盈室。

有一位来公司不久的中年妇女，一直安安静静地吃饭，与热热闹闹的抱怨太不相称，引起了大家的注意。

他们问她：“难道你没有发现你的奖金被老板无端扣掉一截？”她有些吃惊地回答：“没有啊！”大家比她更吃惊了，整个饭厅一下子安静下来，每个人都一脸疑惑，每个人都在心里揣摩，人人都被扣了，为何她得以逃脱？莫非她与老板有那种瓜葛？她这把年纪，至少有三十几了吧，且瘦得一把骨头一张皮的，哪个男人会对这种肉干一样的女人感兴趣？那么是什么原因使她独享优惠政策？后来才知道她是被扣得最多的一个。不久她

被提升了，大家又嫉妒又羡慕，她的工资会高出一大截来，还有奖金。

很久以后，她向林少平描述当时自己的心情，她的确没有装蒜，她是这样想的：这个月自己一定做得不好，所以只配拿这份较少的奖金，下个月一定努力。为何别的人没有这样的想法呢？她是这样分析的，那时她工作了近20年的工厂亏损得已很厉害，常常发不出工资，开工不足，工人们都在等待（那时还没有下岗的说法），她等不下去了，因为家庭负担太重，上有生病的老人，下有读书的孩子，还有因车祸落下残疾的丈夫，于是她就出来打工了，收入比起她以前的工资要高出百十元钱，这让她喜出望外，非常珍惜这份工作，甚至有一种感激的心情。

后来，林少平离开了那家公司，跳了几次槽，一直都没有跳到一个满意的地方。在2006年10月，在一次商务茶会上林少平又碰到她。她认出了林少平，而林少平已认不出她来，不仅是因为她胖了些、白了些，那身合体的职业装和与脸型非常相称的发型，把她烘托得雅致且老道，那神态有一种阅尽人世变迁的沉稳与成熟，让人一见就会产生与她打交道做生意是可靠的有保障的感觉，此时，她已做到了经理助理的位置，公司的二老板，是标准的白领丽人，谁能想到4年前，她不过是个战战兢兢的下岗女工，且人到中年。看她很熟练且极有分寸地与人周旋，小林内心的感慨是无法用语言来描述的。

林少平一下子就明白了许多道理，他想他是得重新审视一下自己了。

由于我们年轻，拥有很多优势，所以我们总是觉得应该得到更多更好的东西，对生活，我们从不习惯放低姿态，面对眼前五光十色、流金淌银的社会，我们认为索取是最重要的，于是，我们越是不满足，越是得不到想要得到的林林总总。

其实，海纳百川，成汪洋之势，是因为它位置最低。

人生感悟

抱怨不如行动，刚参加工作不久的年轻人尤其要懂得努力与感恩。不要想公司为你带来了什么，多问一下自己为公司奉献了什么。

人品因宽容而更完美

托尔斯泰虽然很有名，又出身贵族，却喜欢和平民百姓在一起，与他们交朋友，从不摆大作家的架子。

一次，他长途旅行，路过一个小火车站。他想到车站上走走，便来到月台上。这时，一列客车正要开动，汽笛已经拉响了。托尔斯泰正在月台上慢慢走着，忽然，一位女士从列车车窗里冲他直喊："老头儿！老头儿！快替我到候车室把我的手提包取来，我忘记提过来了。"

原来，这位女士见托尔斯泰衣着简朴，还沾了不少尘土，把他当作车站的搬运工了。

托尔斯泰赶忙跑进候车室拿来提包，递给了这位女士。

女士感激地说："谢谢啦！"随手递给托尔斯泰1枚硬币，"这是赏给你的。"

托尔斯泰接过硬币，瞧了瞧，装进了口袋。

正巧，女士身边有个旅客认出了这位风尘仆仆的"搬运工"，就大声对女士叫道："太太，您知道这位先生是谁吗？他就是列夫·托尔斯泰呀！"

"啊！老天爷呀！"女士惊呼起来，"我这是在干什么事呀！"她对托尔斯泰急切地解释说："托尔斯泰先生！托尔斯泰先生！看在上帝的面儿上，请别计较！请把硬币还给我吧，我怎么会给您小费，多不好意思！我这是干的什么事啊。"

"太太，您干吗这么激动？"托尔斯泰平静地说，"您又没做什么坏事！这个硬币是我挣来的，我得收下。"

汽笛再次长鸣，列车缓缓开动，带走了那位惶恐不安的女士。

托尔斯泰微笑着，目送列车远去，又继续他的旅行了。

人生感悟

宽容就是潇洒。"处处绿杨堪系马，家家有路到长安。"宽厚待人，容纳非议，乃生活幸福美满之道。事事斤斤计较、患得患失，活得也累。难得在人世走一遭，潇洒最为重要。

第十二章

学会爱，超越爱

许多时候，含蓄的天性，让我们总是不敢说爱，不好意思示爱，却往往错过了爱可以发挥的力量；等到失去了，错过了机会，一切都难再从头开始，难过、失落与伤怀，都很难被抚平。

美国作家海伍德说：“爱不贵亲爱，而贵长久。”一同走过人生风雨的爱情，才能迎来幸福的阳光和彩虹。

爱的力量是伟大的，因为爱可以创造奇迹

有一少妇在回家的路上，马上要到家时，习惯性地看一下4楼自家的阳台，可爱的儿子正在阳台上期待着妈妈回来。

当看到妈妈时，儿子开始招手，这时少妇也有意识地招手，突然少妇意识到这样可能会有危险，但已经晚了。儿子由于要迎接妈妈，身体前倾，突然失去平衡，从阳台上掉了下来。

这时房间里的人惊呆了，纷纷跑到阳台上呼叫。

再看这位妈妈，当发现儿子掉下来，就奋不顾身地去救儿子，奇迹发生了，儿子被妈妈接住了，并且安然无恙。

人们都觉得很奇怪，一个少妇怎么跑得那样快，并能接住自己的儿子？因为按当时少妇跑的速度，应该已打破了百米世界纪录。

后来人们找百米世界冠军做了一个试验：同样的距离，从阳台上掉下同样重量的物体，看能

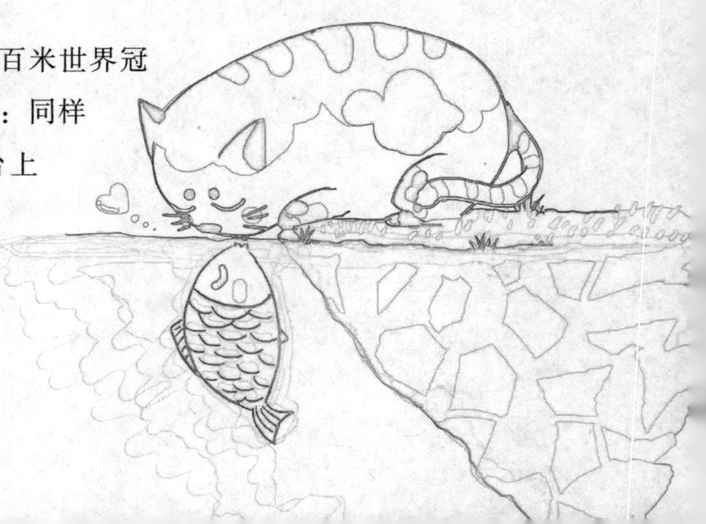

否接得住。结果是，无论如何也接不住。让这位少妇再来一次，结果也是再也没有看到打破百米世界纪录的速度。

最后人们总结为：爱的力量是伟大的。

人生感悟

我们每个人都有超越平凡的潜能，这种潜能就隐藏在我们体内。当危急时刻出现时，这种潜能最容易被激发出来。除此之外，爱的力量是伟大的，因为爱也可以激发潜能，更能创造奇迹。

付出自己的爱心，可以创造生命的奇迹

方妈妈的儿子方亮，因勇敢阻击抢劫犯张君一伙歹人而遭到枪击。子弹是从他的太阳穴射进去的，方亮的大脑几乎全被破坏了。

当方妈妈赶到医院里，看到已经是植物人的儿子时，她有些不相信，两天前儿子还是活蹦乱跳地站在她的面前呀！方亮一直昏迷不醒，方妈妈一直陪着他，吃住在他身边，嘴里只有一句话：“儿子，你醒醒吧，你醒醒吧。”

7天后，方亮的肌肉因为血液流通不畅开始萎缩。方妈妈就开始给儿子按摩肌肉，夜晚的时候，方妈妈为了增加儿子的温

度，把儿子没有知觉的腿放在自己的怀里暖着。

方亮一直处于昏迷不醒的状态，当所有医护人员都束手无策的时候，细心的方妈妈发现，每当她叫儿子名字的时候，昏迷着的方亮的心脏都会跳动一下，而且表现非常明显，这说明方亮已经有了感应。当这一结果被医生发现的时候，一些专家也称其为医学界的奇迹。

方亮昏迷 49 天后，方妈妈在给方亮揉完腿以后，开始给方亮讲他小时候的故事，然后流着泪问方亮："孩子，你听见妈的话了吗？你要是听见就眨一下眼睛，好吗？"这时方亮的睫毛动了一下，他的眼角处流出了一滴眼泪。方妈妈创造了又一个奇迹。

方亮在病床躺了 15 个月以后，医生让他下床练习走路。在两个医护人员的帮助下，方亮下了床，但他的两条腿已经没有知觉了，是方妈妈跪在地上，先挪他的左腿，然后再挪他的右腿，然后再往前走一步，再跪下来……

方亮入院 18 个月后，他终于第一次开口了，他的口形变化了很多次，但反复只说着一个字："妈，妈，妈……"

人生感悟

当我们遇到困难的时候，当我们遭受不幸的时候，当我们濒临绝境的时候，都不要忘记付出我们的爱，都不要忘记用爱心来呵护我们的生活和生命。因为付出自己的爱心，可以创造生命的奇迹。

花点时间去行善，心灵会得到慰藉

在美国新墨西哥州的富瓦社区，生活着3名流浪汉，他们持有行乞证，并在这个社区生活了13年。但在1998年11月6日，新墨西哥州政府却通过了一项法案，对行乞10年以上的乞丐停发行乞证，理由是他们已非常富裕，不再具有行乞资格。没办法，3名流浪汉只好离开新墨西哥前往佛罗里达。

当富瓦社区的萨姆神父得知此事后，立即表示反对，并致信州政府，要求把3位乞丐重新召回。他说："社区里不能没有乞丐，州政府的这种做法，完全是对善良人的亵渎，是对人性的漠然和不尊重。该法案必须进行修改。"

起初，大家都以为萨姆神父是出于对弱者的同情，可后来发现根本不是这么回事。

萨姆神父是这样说的："40年来，我曾在富瓦等6个社区担任神父，这6个社区的人口和富裕程度都差不多，可是其中有一个社区找我解决心灵问题的人最少，来教堂忏悔的人也不如其他社区多。为什么会出现这种情况呢？难道是这儿的人不够虔诚吗？有一段时间，我非常困惑。后来我发现，原来这个社区有一家孤儿收养中心，那儿有5名孤儿，正是这5名孤儿给他们带来了福音，因为孤儿唤起了他们的善行，孤儿使他们有了行善的地方。而经常行善的人，心灵是不会出现问题的，再说心灵出现问题的人去行善，心灵也会得到慰藉。富瓦社区的3名流浪汉也是富瓦社区的福音。现在把他们赶走了，富瓦社区的人想通过布施获得心灵安慰和满足的机会也就没有了，作为一名神父，我能接受这样的法案吗？”

后来，经过萨姆神父和群众的共同努力，3名富瓦社区的流浪汉被警察护送着从佛罗里达返回新墨西哥州。

在迎接3名流浪汉归来时，富瓦社区的人全部出动，他们举着标语，喊着口号，欢呼他们的胜利。其中有这样两幅标语：“花时间去帮助别人，会医治自己的创伤。”“一个小小的善举，可媲美于运动一小时后所得的舒畅。”

人生感悟

行善是一种美德，是因为行善可以帮助别人。但除此之外，不可否认，经常花点时间行善，的确可以得到心灵的安慰和满足，甚至可以说，行善确实是一种维护人性的需要。

爱，需要自由的空间

莉莎和男朋友分手了，处在低落的情绪中，从他告诉她应该停止见面的一刻起，莉莎就觉得自己整个被毁了。她吃不下睡不着，工作时注意力集中不起来。人一下消瘦了许多，有些人甚至认不出莉莎来。一个月过后，莉莎还是不能接受和男朋友分手这一事实。

一天，她坐在教堂前院子的椅子上，漫无边际地胡思乱想着。不知什么时候，身边来了一位老先生。他从衣袋里拿出一个小纸口袋开始喂鸽子。成群的鸽子围着他，啄食着他撒出来的面包屑，很快就飞来了上百只鸽子。他转身向莉莎打招呼，并问她喜不喜欢鸽子。莉莎耸耸肩说："不是特别喜欢。"他微笑着告诉莉莎："当我是个小男孩的时候，我们村里有一个饲养鸽子的男人。那个男人为自己拥有鸽子感到骄傲。但我实在不懂，如果他真爱鸽子，为什么把它们关进笼子，使它们不能展翅飞翔，所以我问了他。他说：'如果不把鸽子关进笼子，它们可能会飞走，离开我。'但是我还是想不通，你怎么可能一边爱鸽子，一边却把它们关在笼子里，阻止它们要飞的愿望呢？"

莉莎有一种强烈的感觉，老先生在试图通过讲故事，给她讲一个道理。虽然他并不知道莉莎当时的状态，但他

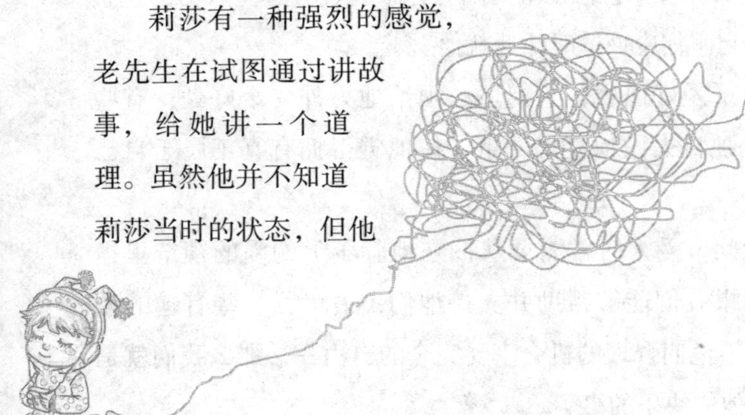

讲的故事和莉莎的情况太接近了。莉莎曾经强迫男朋友回到自己身边。她总认为只要他回到自己身边，一切都会好起来的。但那也许不是爱，只是害怕寂寞罢了。

老先生转过身去继续喂鸽子。莉莎默默地想了一会儿，然后伤心地对他说:“有时候要放弃自己心爱的人是很难的。”他点了点头，但是，他说:“如果你不能给你所爱的人自由，你就不是真正地爱他。”

长相厮守的意义不是用柔软的爱捆住对方，而是让他带着爱自由飞翔。

生活中一些事情常常是物极必反的：你越是想得到他的爱，越要他时时刻刻不与你分离，他越会远离你，背弃爱情。你多大幅度地想拉人向左，他则多大幅度地向右荡去。

所以我们应该让爱人有自己的天地去做他的工作，譬如集邮，或是其他任何爱好。在你看起来，他的爱好也许傻里傻气，但是你千万不可嫉妒它，也不要因为你不能领会这些事情的迷人之处就厌恶它。你应该适时地迁就他。

爱人有了爱好以后，我们还必须给他另外一个好处：有些时候要让他独自去做他喜爱的事，使他觉得拥有真正属于自己的东西。

毫无疑问，爱人时常需要从捆在他脖子上的爱的锁链里挣脱出来。如果我们能够帮助并支持他们，去培养一些有趣的爱好——并且给他们合理的机会享受完全的自由——那么我们就是在做一些使他们快乐的事了。

真正的爱是可以超越时间、空间的。因此，作为婚姻的双方，在魅力的法则上，请留给彼此一个距离，这距离不仅仅包含空间的尺度，同样包含心灵的尺度：留下你自己独特的性格，不要与我如影随形；留下你自己内心的隐私，不要让我感到你是曝光后苍白的底片；留下你一份意味深长与朦胧的神秘……不要试图挽留我离去的脚步，不要幻想我的目光永远专注于你，一切都应是自然形成，在你我之间留下一段距离，让彼此能够自由呼吸。

在最危急的时刻，表达出的爱才最真挚

老师出了一个题目:《爱的表达方式》，要求每个人说一种，但不能重复。

答案五花八门，有的说可以用宽容来表达；有的说用鲜花和语言来表达；有的说痛苦一个人承受，快乐两个人分享，这就是爱的最好的表达方式……

有一个叫秦依的东北女孩，讲了这样一个故事。

有一对年轻夫妇，都是生物学家，很恩爱，他们经常一起深入原始森林考察。

有一天，他们像往常一样钻进了森林，可当他们爬过那块

熟悉的山坡时，顿时僵住了，有只老虎正盯着他们。他们没带猎枪，逃跑也不可能了。

他们脸色苍白，一动不动。老虎也站在那儿一动不动。僵持了几分钟后，老虎朝他们走来，继而开始小跑，然后越跑越快。就在这时，那个男的突然喊了一声，然后自顾自地飞快跑开了。奇怪的是，快跑到那女的面前的老虎也突然改变了方向，朝那男的追了过去。随后那边就传来了惨叫声，而女的却平安地逃了回来。

这时候，几乎所有的人都说了声“活该”。也就在这时候，秦依问大家知不知道那男的喊的是什么。几十个学生大致给出了两种答案：一是：老婆，对不起啊！二是：赶快逃，逃一个算一个。

秦依说：“错了！那个男的对他的妻子喊的是：‘照顾好依依，好好活下去！’”这时，秦依的脸上已经挂满了泪水。

面对着大家的惊愕和不解，她接着说道：“在那种情况下，老虎绝对只会攻击逃跑的人，这是老虎的特性。”

最后，秦依说：“在最危险的时刻，我爸爸一个人跑开了，但他用这种方式表达了对我妈妈最真挚的爱……”

教室里沉寂了一会儿，接着响起了掌声。

人生感悟

对于爱的表达方式，可谓五花八门，多不胜数。有些人深谙此道，但有些人却不善于表达。其实，用什么方式表达和是否善于表达并不重要，重要的是，表达爱一定要真挚。

孩子的心愿不但简单，而且朴素真挚

晚饭过后，母亲忙着似乎永远也忙不完的家务。刚上五年级的女儿大声问："妈妈，问你个问题，你的心愿是什么？"

母亲先是一愣，接着不耐烦回答："心愿很多，跟你说没用。"

女儿执拗地要求："您就说说看，这对我很重要。"

母亲看见女儿坚持的样子，就回答说："好吧，就说给你听听：第一，希望你努力学习，保持好成绩；第二，希望你听话，不让大人操心；第三，希望你将来考上名牌大学；第四……"

女儿打断母亲的回答："哎，妈妈，你不要总是围着我打转转，说说你自己的心愿吧！"

母亲有滋有味地历数着，沉浸在对美好未来的种种设想之中："我嘛——一是希望身体健康，青春长驻；二是希望工作顺心，事业有成；三是希望家庭和睦，美满幸福；四是……"

女儿再次打断母亲的回答："哎呀，妈妈，您说的这些又大又空，能不能说点实际的？比如你想要……"

母亲猛然好像发现了什么似的，有些要发火似的打断女儿的话："我就知道你跟我玩心眼儿，一定是老师留了关于心愿的作文题目，你写不出来就想到我这里挖材料对不对？实话告诉你吧，我的心愿多着呢！我想要别墅，我想要小轿车，我想要高档时装，看，我的皮包坏了，还想要一只鳄鱼皮手袋，你看这些实际不实际？这些你都能满足我吗？跟你说顶什么用？好了，心愿说完了，你去写作业吧。”

女儿回到自己的房间，屋子空荡荡的，安静得只听见墙上的钟摆声。母亲觉得有些话还意犹未尽，又站起身推开女儿的房门。女儿正在写作业，串串泪珠滚落，不停地用手背擦着，母亲的无名火又上来了，比刚才的声音还要高出几个分贝，吼道：“你还觉得挺委屈是不是？你想偷懒是不是？你故意气我是不是？”

女儿解释：“妈妈，我不是……”

“还敢顶嘴！告诉你，9点钟之前写不完这篇作文有你好看的！”母亲很权威地命令着，一扭身“砰”地关上了门。

第二天晚上吃完饭，女儿照例进屋写作业，母亲照例重复着每日必做的家务。蓦然间，她发现茶几上多出一束鲜花，鲜花旁放了一个包装袋，包装袋上放了一张小字条，字条上面写着：

妈妈：

今天是您的生日，我用平时攒的零花钱和这两年的压岁钱给您买了一只鳄鱼皮包。让您高兴，这是我最大的心愿。

想给您一份惊喜却不小心惹您生气的孩子

母亲的心颤抖了，呆呆地坐在沙发上说不出一句话。

人生感悟

很多时候，大人的心愿太高太大，不切合实际，烦恼往往由此而生；而孩子的心愿简单，朴素真挚，却往往在不经意间被大人忽略了。相比而言，孩子们稚嫩的童心和美好的心愿正是我们所缺少的。

爱是一种责任，用金钱是无法衡量的

有一天，一对中年的夫妇带着两个儿子到郊区游玩。途中经过风景优美的地方，他们停下来准备拍照留念。家人都是由左手边的门下车的，只有开车的爸爸因为坐在驾驶座上，所以打开右边的门准备下车。正要下车的一刹那，后面一辆高速驾驶的摩托车把他撞倒了，腿部受了重伤，导致大量出血，伤者马上被送往医院急救。本来一家人乐融融地去游玩，谁也想不到，瞬间酿成了一场悲剧。

被送往医院急救的爸爸需要马上输血，但符合血型的只有 11 岁的男孩次郎。

“为了救你的父亲，可以抽取你的血吗？”次郎思索了一下，点了点头，说：“可以。”

爸爸的生命已没有危险，旁人听到这件事情都非常感动，对他说："次郎，你真了不起。你想要点什么来奖励？"刚抽完血的次郎一脸苍白，静静地坐在房间的角落里。

"我什么都不要。"

"为什么呢？次郎，你救了爸爸，这是多么了不起的事，只要你提出要求，我都会买给你。"

次郎想了想说："我真高兴救了爸爸，但我还有几分钟会死呢？"

原来这小男孩误会了，他以为输血给父亲，就会牺牲自己的小生命，但在这种情形下，他还是毅然决定献出自己的生命！

人生感悟

爱是人世间最珍贵的一种感情，无论你用多少金钱都是买不到的。爱是一种责任，当一个人深爱的人身处危难之时，他往往能义无反顾、不惜一切代价地去救助，甚至不惜牺牲自己的生命。

爱，超越死亡

那是一个晴朗的夏日。

美国加州攀岩俱乐部正在举行一次无防护徒手攀岩。罗夫曼和妻子莫莉亚丝都是其中的成员，此时他们正同时攀登一个悬崖。罗夫曼的攀登速度要比莫莉亚丝快一些，他很快成了莫莉亚

丝仰视的风景。他们没有任何防护，挑战自然也挑战自己。他们稳健地向悬崖上方攀登，就像岩壁上会呼吸的岩石。罗夫曼离顶峰越来越近了，还有几米就要达到终点了。参观的人群情不自禁地欢呼起来。

然而就在此时，位于莫莉亚丝右上方约5米处的罗夫曼突然一声惨叫，他失足了！正攀岩的莫莉亚丝蓦然瞥见险象，她毅然脱离了崖壁，伸出双手准确地接住了从她上方迅速下坠的罗夫曼。两人紧紧拥抱着共同坠入万丈深谷……

这一瞬间的惨剧让在场的每一个人都惊呆了。

莫莉亚丝那个漂亮的搂接动作，被现场的摄影师定格成了旷世经典。

所有的人，包括莫莉亚丝自己都知道——她根本无力救罗夫曼的生命，却知其不可为而为之。她虽然不能挽救爱人的生命，但是她挽救了爱。

人生感悟

生命诚可贵，爱情价更高。真正的爱情不仅仅只有花前月下、甜言蜜语的浪漫，而是将两人的命运紧紧联系在一起，有福同享，有难同当，在面临生死选择的那一瞬，为了爱，为了永恒的爱，甚至能为对方付出生命。

真正的爱情是超越生命的。能够逝去的是生命，不是爱！生命逝去，留下的是一份已经超越了死亡、永恒地存在着的爱情交响曲。

常怀感恩之心

一只老鼠掉进了一只桶里，怎么也爬不出来。老鼠吱吱地叫着，它发出了哀鸣，可是谁也听不见。可怜的老鼠心想，这只桶大概就是自己的坟墓了。正在这时，一只大象经过桶边，用鼻子把老鼠吊了出来。

“谢谢你，大象。你救了我的命，我希望能报答你。”

大象笑着说：“你准备怎么报答我呢？你不过是一只小小的老鼠。”

过了一些日子，大象不幸被猎人捉住了。猎人们用绳子把大象捆了起来，准备等天亮后运走。大象伤心地躺在地上，无论怎么挣扎，也无法把绳子扯断。

突然，小老鼠出现了。它开始咬着绳子，终于在天亮前咬断了绳子，替大象松了绑。

“你看到了吧，我履行了自己的诺言。”小老鼠对大象说。

人生感悟

如果你想要拥有美好的人生，那就常怀一颗感恩的心吧！想一些令你觉得心怀感激的事，让自己全心全意地浸润其中。令你心怀感谢的或许是孩子的健康平安；或许是朋友对你从来不间断的关爱；也许你会为早晨能从舒适的床悠悠醒来，并且有早餐可吃而心存感激；也许你经历了长久以来种种自我毁灭的行径之后，仍能存活至今而谢天不已。不要保留、不要抗拒，就让自己淹没在感恩的洪流里吧，人的快乐就在其中。

在这个世界上，真正的上帝是人们的爱心

在美国的大街上，一个小男孩捏着 1 美元硬币，一家一家商店地询问着：“请问您这儿有上帝卖吗？”店主要么说没有，要么

认为他在捣乱，把他撵出店门。这时天就快黑了，小男孩已跑了28家商店了，但他并没有灰心。

就在他进了第二十九家商店的时候，店主热情地接待了男孩。店主是个60多岁的老头儿，满头银发，慈眉善目。他笑眯眯地问男孩："告诉我，孩子，你买上帝干吗？"

男孩流着泪告诉老头儿，他叫邦迪，父母很早就去世了，他是被叔叔帕特鲁普抚养大的，而且叔叔每天教他读书，增加知识，还教他做人的道理。

邦迪的叔叔是个建筑工人，前不久从脚手架上摔了下来，至今昏迷不醒。医生说，只有上帝才能救他。邦迪想，上帝一定是种非常奇妙的东西，我把上帝买回来，让叔叔吃了，伤就会好。

这时的老头儿眼圈湿润了，问："你有多少钱？"

邦迪如实说："只有1美元。"

"孩子，眼下上帝的价格正好是1美元。"老头儿接过硬币，从货架上拿了瓶"上帝之吻"牌饮料说，"拿去吧，孩子，你叔叔喝了这瓶'上帝'就没事了。"

邦迪想也没有想，把1美元递给了店主，将饮料抱在怀里，兴冲冲地回到了医院。一进病房，他就开心地叫着道："叔叔，我把上帝买回来了，你很快就会好起来！"

不久，帕特鲁普真的出院了，出院时，他看到医疗费账单上那个天文数字，差点儿吓昏过去。可院方告诉他，有个老头儿帮他把钱付清了，而且是他请了一个由世界上顶尖的医学专家组成

的医疗小组来到了医院，对他进行会诊，他们采用了世界上最先进的医疗技术，才治好了帕特鲁普的伤。

原来那老头儿是个亿万富翁，从一家跨国公司董事长的位置上退了下来后，隐居在本市，开了家杂货店打发时光。帕特鲁普激动不已，他立即和邦迪去感谢老头儿，可老头儿已经把杂货店卖掉，出国旅游去了。

帕特鲁普找不到老头儿，也就不再去想了。他和邦迪继续过着平淡、幸福的生活。

突然有一天，帕特鲁普接到了一封信，是那老头儿写来的，信中说："年轻人，你能有邦迪这个侄儿，实在是太幸运了。为了救你，他拿着 1 美元到处购买上帝——感谢上帝，是他挽救了你的生命。但你一定要永远记住，在这个世界上，真正的上帝是人们的爱心！希望你以后还能继续教给他做人的道理。”

人生感悟

在被各种欲望包围时，我们的爱心也会被淹没，有时甚至不如一个孩子，这不能不让我们汗颜。我们经常向上帝祈祷能带给我们好运，殊不知，在这个世界上，真正的上帝是人们的爱心。

图书在版编目 (CIP) 数据

不是世界不好，是你懂的太少 : 20 几岁要懂的人生道理 / 宿文渊编著 . — 北京 : 中国华侨出版社 ,2017.6（2019.1 重印）

ISBN 978-7-5113-6853-9

Ⅰ . ①不… Ⅱ . ①宿… Ⅲ . ①人生哲学—通俗读物 Ⅳ . ① B821-49

中国版本图书馆 CIP 数据核字（2017）第 130738 号

不是世界不好，是你懂的太少 : 20 几岁要懂的人生道理

编　　著：宿文渊
出 版 人：刘凤珍
责任编辑：江　冰
封面设计：施凌云
文字编辑：徐　云 郝秀花
美术编辑：吴秀侠
经　　销：新华书店
开　　本：880mm × 1230mm　1/32　印张：8　字数：160 千字
印　　刷：三河市万龙印装有限公司
版　　次：2017 年 9 月第 1 版　2021 年 3 月第 7 次印刷
书　　号：ISBN 978-7-5113-6853-9
定　　价：36.00 元

中国华侨出版社　北京市朝阳区西坝河东里 77 号楼底商 5 号　邮编：100028
法律顾问：陈鹰律师事务所
发 行 部：（010）58815874　　传　　真：（010）58815857
网　　址：www.oveaschin.com　　E-mail：oveaschin@sina.com